U0395761

写给中小学生的

法布尔昆虫记

第 ⑩ 卷
完美的生活

（法）法布尔（Fabre，J.H.） 著

余继山 编译

上海科学普及出版社

图书在版编目（CIP）数据

写给中小学生的法布尔昆虫记 . 第十卷，完美的生活 /（法）法布尔
（Fabre，J.H.）著；余继山编译 . — 上海：上海科学普及出版社，2017.5

ISBN 978-7-5427-6843-8

Ⅰ . ①写… Ⅱ . ①余… Ⅲ . ①昆虫学—少儿读物 Ⅳ . ① Q96-49

中国版本图书馆 CIP 数据核字 (2016) 第 257790 号

责任编辑 刘湘雯

写给中小学生的法布尔昆虫记
第十卷 完美的生活
（法）法布尔（Fabre，J.H.）著
余继山 编译
上海科学普及出版社出版发行
（上海中山北路 832 号 邮编 200070）
http://www.pspsh.com

各地新华书店经销 三河市同力彩印有限公司
开本 787×1092 1/16 印张 11 字数 210 000
2017 年 5 月第 1 版 2017 年 5 月第 1 次印刷
ISBN 978-7-5427-6843-8 定价：28.00 元

前 言

　　《昆虫记》是法国著名昆虫学家、科普作家法布尔的代表作。法布尔从小就对自然界和昆虫世界表现出了浓厚的兴趣，立志做一个为昆虫写历史的人。他经过20多年的观察研究和资料搜集，将昆虫的专业知识与人文情怀结合在一起，最终写成了昆虫的史诗《昆虫记》。

　　《昆虫记》全书共分为10卷，概括性地阐述了各类昆虫的种类、特征、生活习性及生殖繁衍情况。书中，作者将自己的人生经历与纷繁复杂的昆虫世界联系在一起，用清新自然、诙谐幽默的语调，向读者讲述了一个又一个关于昆虫的故事，内容不仅包含丰富的知识性，并且极具趣味，是一部不可多得的长篇科普文学巨著。

　　法布尔在描述昆虫时，常常用人性的眼光去看待它们，评判它们，内容充满着哲学意味的思考，字里行间透露出对生命的尊重与热爱。作者在讲述昆虫筑巢、觅食、工作、交配、生殖繁衍等生命活动时，常常浸透着人性的思考。通过阅读这套书，小读者不仅可以读到一个妙趣横生的昆虫世界，而且能通过对这些现象的了解，探究到昆虫背后的秘密，解开一个又一个有关昆虫的谜团。

　　本套丛书是专门为中小学生打造的，在充分尊重原著的基础上，用流畅、通俗易懂的语言向小读者们讲述了各种昆虫趣事，使小读者们能够无障碍地进行阅读。书中还配有大量精美的昆虫插图及活泼俏皮的文字解说，辅助小读者更好地理解其中的内容。现在，让我们一起走进法布尔笔下的神奇昆虫世界，去体会和了解这个不一样的，充满奥秘的世界吧。

目录
contents

第四章
偏爱羊粪的食客——嗡蜣螂

第五章
素食主义者——象虫

第六章
腐尸爱好者——反吐丽蝇

第七章
大树的天敌——大薄翅天牛

第九章
另类昆虫

第十章
昆虫和植物的爱恋

第十一章
朝花夕拾——我的成长故事

第一章
钟情的灵物
——蒂菲粪金龟

昆 虫 档 案

昆 虫 名：蒂菲粪金龟

绰　号：屎壳郎

身世背景：一种黑色鞘翅目昆虫，个头较大；性情平和，雄性的胸前长着三根锐利的长矛，与头上的角形成了一个"三叉戟"

生活习性：喜欢在露天沙地上活动，平时以吃羊粪或者兔子粪便为食，但更为偏爱羊粪，所以又被称为"羊粪爱好者"

繁殖特征：通常在六月左右产卵，卵历经两个月蜕变成幼虫，到十月底时幼虫才能长成成虫

武　器：角

加工软面包的蒂菲粪金龟

在介绍蒂菲粪金龟前，先来为大家说两段古老的神话故事。一个故事是关于弥诺斯的公牛和巨人蒂菲的。相传，弥洛斯的食人公牛弥诺陶洛斯跑入了克里特岛的地下迷宫，威胁着迷宫里忒修斯和他的子民的安全。于是，忒修斯找到了弥诺斯的女儿，利用她抓住并杀死了食人公牛弥诺陶洛斯，从此和他的子民摆脱了食人公牛的威胁。蒂菲是大地之子，他是一个想要登天的巨人，他想登上天洗劫所有天神的住所，为了登天，他将群山垒成一根柱子，结果有一天柱子突然开裂，他便掉进了埃特拉火山口，但是他没有死，他吐出的气是火山的烟，他的咳嗽是火山冒出的岩浆，如果哪天他的肩膀累了想要活动活动，火山将会爆发，整个西西里岛将会动荡不安。

昆虫学家为了方便记忆，用上面童话中的人物来指代他所研究的昆虫。蒂菲粪金龟就是个例子。

蒂菲粪金龟是一种个头较大的黑色鞘翅目昆虫，它与擅长挖地洞的粪金龟是近亲。蒂菲粪金龟虽然性情平和，但头上的角简直比弥诺斯的公牛还要厉害。雄蒂菲粪金龟胸前长着三根平行的尖锐长矛。如果它真有公牛一样的体型，恐怕连真正的忒修斯也要对它避之不及。

在昆虫学家看来，蒂菲粪金龟虽然不知如何飞上天，却懂得遁地术，可以钻入泥土深处去。它们先是用三根长矛将泥土扒松，再用背部用力往上顶，将小土堆顶得颤抖起来。此时，它就仿佛埃特拉火山中的巨人蒂菲一般，稍稍一动就会引致火山爆发。

蒂菲粪金龟经常在露天的沙地上活动，常以羊的黑色粪便为食，但在找不到羊粪的情况下，它们也吃兔子的粪便。可蒂菲粪金龟绝不会给孩子喂食兔子粪便，往往将最好的羊粪留给孩子，因此也被称为"羊金龟"。

蒂菲粪金龟的洞穴口通常都有土丘，因此非常好辨认。一场秋雨过后，洞穴渐渐多了起来，新生的蒂菲粪金龟也纷纷从洞穴中爬出来，舒服地晒着太阳。此外，它们还要花上几周时间，跟同伴们一起准备过冬的食物呢。

蒂菲粪金龟在成亲之前的夏末冬初之际，一般都宅在家里不出门。而它们所谓的家，不过就是一个直径如手指般大小的洞，大约有一拃深。

蒂菲粪金龟是一种个头较大的鞘翅目昆虫，它们非常偏爱羊粪颗粒。

蒂菲粪金龟的洞穴很好辨认，就是一个直径像手指一样粗的井。

在它们的洞中，竖立着一根大的羊粪柱子，几乎占据了洞中的全部空间，而这些小家伙也都浑身沾满了粪便。

蒂菲粪金龟究竟是如何获取如此多的粪便的呢？原来呀，它们干脆将家安在了羊粪堆旁边，这样只要一出家门，就能轻易搜集食物了。它们常常在夜晚出门搜集食物，从粪堆中选出自己最满意的一颗粪球，将头伸到粪堆底部，用力撬起粪堆，借助身体的杠杆力量将粪球推到洞口。接着，这些粪球就轻松地落入了深深的洞中。

接下来，蒂菲粪金龟会如何安放这些粪便呢？寒冷的冬天，这些粪便不仅可以食用，对于住在浅层洞中的蒂菲粪金龟来说，还能防寒呢。临近十二月时，一部分洞口的土丘已经堆得跟春天时的差不多大了，上面的泥土大多是从1米甚至更深的井里挖出来的。一些怕冷的雌金龟住在较深的洞里，这里气温相对稳定，受地面寒冷空气的影响也相对较少。而一些一拃深的洞穴里，常常独居着一只雄虫或者雌虫。洞里常常还用粪土铺着一层厚厚的地毯，能加强保温性，难怪这些隐居的小家伙即使在寒冷的冬天也过得美美的。

三月伊始时，一对小夫妻开始辛勤地修筑巢穴了，可是，这对小夫妻原本是各自住在自己的洞穴中的呀，它们是怎么聚在一起的呢？这是最初引起人们关注的一件事。秋末冬初时，一个洞穴中居住着15只雌金龟和15只雄金龟，可是，在这个三月来临的时候，大部分雌金龟都消失不见了。在我挖出的所有蒂菲粪金龟中，15只雄性全部都在，可雌性只剩下了3只，那其他的雌金龟到哪里去了呢？

我努力地搜寻着，猜想它们可能是钻到更深层的泥土中去了。于是，我用铲子往更深层挖去，终于找到了之前消失的那些雌性蒂菲粪金龟。它们为什么要离开集体，独自到缺衣少食的更深层地里去居住呢？原来，在这个万物苏醒的春天，有时候甚至是秋天快结束时，这些坚强而勤劳的母亲已经在为未来的孩子准备居所了，即使此时它们还没有完成交配呢。它们在一个合适的地方开始打洞，然后便要准备迎接前来求偶的异性了。有时候，前来求亲的异性很多，而雌性只会挑选自己心仪的一位，其他落败者只好失望地离开，再去别的雌性洞前表达自己的爱意。配对成功的一对蒂菲粪金龟完成了交配，然后开始了全新的婚姻生活。

那么，这对夫妻的关系真的稳定吗？它们能从众多样子相似的同类中识别出自己的伴侣吗？它们会对彼此忠贞不渝吗？其实呀，雌蒂菲粪金龟根本没有出轨的机会，因为它们从不轻易走出自己的住所。而雄蒂菲粪金龟出轨的几率就大得多，因为它们常常需要外出。它们不仅需要外出寻找食物，还得清扫住所呢。白天，它们需要将妻子挖掘出的泥土运到洞外；晚上，它们则需要独自去搜集粪便，为宝宝做粪球。

蒂菲粪金龟的住所很集中，雄性外出搜集食物回家时，会不会不小心走错门呢？又或许是，它们在回家路上偶遇一名漂亮的异性，会不会就抛弃妻子跟它走呢？它们会迅速结婚又迅速离婚吗？

为了研究这些问题，我从洞中抓了两对正在挖土的夫妻，并用针尖给其中一对做了不能被擦掉的标记，来区分它们。我将它们分散放在两拃深的沙土上，在这种土质层里，它们用一晚就能挖好洞穴。我还在沙土上放上了足够量的羊粪，最后，为了防止它们逃走，也为了给它们遮阴，我在沙土上罩了一个宽大的网。

第二天，经过观察我发现，罩子里只有两个洞穴，而且每个丈夫都顺利找到了自己的妻子。我再三试验，得到的结果依然如此，有标记的一对夫妻住在一个洞里，而另一对则住在另一个洞中。

我一连做了五次实验，发现这两对夫妻都没有重新组织家庭。有时，夫妻俩各自分居独处；有时，夫妻会居住在一起；又或许是有时，两个丈夫或两个妻子会住到一起；虽然我不停骚扰它们，但它们从没重新组成夫妻家庭。不过，令人惊讶的是，它们的房子极其不稳固，每天都会倒塌。

蒂菲粪金龟的雌虫和雄虫工作起来都很卖力，它们在不停地忙碌着。

实验证明，蒂菲粪金龟夫妻对彼此都是忠贞不渝的，即使遇到惊吓和恐慌，它们也不会离开对方，依然紧密地联系在一起，这种牢固的伴侣关系，在昆虫界是极其难能可贵的。

蒂菲粪金龟的脸深藏在坚硬的面具下，无法辨别表情；它们经常待在漆黑的地底，眼睛也派不上用场。那么，它们是如何区分自己的爱人和其他同类的呢？

很简单，蒂菲粪金龟能通过闻气味找到自己的爱人，或许爱人间有某种与众不同的气味，让它能一下子就辨别出自己的爱人吧。

蒂菲粪金龟通常都住在深井里，这些井有的很深，也有的还不足一米。无论如何，为了产卵，蒂菲粪金龟需要居住在足够深的井里。这对即将生儿育女的小夫妻是如何分工建房的呢？

雌蒂菲粪金龟得养育即将出生的孩子，因此它们住在最底层，主要负责挖洞，它们最擅长的是垂直挖洞；雄蒂菲粪金龟则负责在后面用背上的带角"背篓"运送泥土。雌蒂菲粪金龟还得为孩子们准备食物呢，而这时父亲则主要是帮着母亲从外面搜集食物，就像人们常常说的那样，男主外，女主内。

母亲加工的食物看上去像香肠，长度跟人的手指头差不多长，分成了许多层，十分结实，颜色略有些深，里面填充着许多被压碎了的羊粪。这些粪团有些非常均匀细腻，但大多数都是粗糙简略的，里面还充满着不少块状的疙瘩，有点儿像牛轧糖。母亲将做好的食物紧紧固定在洞穴的死胡同里，那里有着比别处更平整而光滑的墙壁。

那么，蒂菲粪金龟究竟在哪里产卵呢？经过观察我发现，粪金龟通常会在"香肠"底部的特制小窝里产卵，将卵产在食物之间。于是，我试着在"香肠"底部那些紧闭的小窝里找寻蒂菲粪金龟的卵，却一无所获。

最终，我在食物柱子旁下方的沙土里找到了蒂菲粪金龟的卵。令人不解的是，母亲一般都会为脆弱的孩子准备一个舒适的窝，并且会做些

雄蒂菲粪金龟负责用带角的背篓把雌蒂菲粪金
龟挖出的泥土运出洞外。

保护措施。可蒂菲粪金龟为宝宝准备的房子却完全不是这样的，这里看上去既简陋又粗糙，像个废弃的沙堆。幼虫宝宝诞生在一个与食物相隔一段距离的硬床上，必须穿过厚厚的沙土层才能吃到食物。蒂菲粪金龟母亲能够将坚硬的粪便制成柔软的美食，却不知道如何为宝宝搭建一个柔软舒服的小窝。

　　既然不是为了保护幼虫宝宝，那么蒂菲粪金龟夫妻为什么要把洞挖得如此深呢？它们与其他昆虫无异，身体健康，向往阳光，而且在未结婚之前也都各自住在有阳光的房子里，连寒冷的冬天也不需要去更深的地底避寒，那到底是为什么，它们要在产卵时将窝筑造在这么深的地底？

　　原来，蒂菲粪金龟的幼虫将在炎热的六月出生，那种炎热的天气下，"香肠"即使被储存在一两拃深的地底，水分也会迅速蒸发，变得又干又硬，没法再吃。如果幼虫宝宝吃不到柔软的食物，它们就会饿死。因此，父母必须把食物藏在能躲避炎热天气和烈日的地下深处，才能让食物一直保持柔软。

为了使食物保持柔软，圣甲虫将食物做成球状，因为它们深知，球状比长条状更具有保湿效果。粪蜣螂也深知这个道理，所以它们将食物做成了卵状。因此，蒂菲粪金龟之所以要在产卵期住在那么深的地底，是为了让食物保持柔软。

况且，蒂菲粪金龟不像以骡子粪便为食的昆虫那样，需要新鲜的原材料，它们需要的不过是干燥的旧材料。通过观察我发现，蒂菲粪金龟从来不去挑拣新的粪球，它们更偏爱被太阳晒得发干发热的干粪便。

除了蒂菲粪金龟，别的昆虫是绝不会用这样干燥乏味的材料做食物的，因为它们没法将食物软化，而厨艺高超的蒂菲粪金龟却能将干燥乏味的食物慢慢改造得松软带香味，这可是蒂菲粪金龟一族的独门绝技啊。而且，蒂菲粪金龟还是一名非常称职的钻井工人呢。真是件神奇的事儿。

蒂菲粪金龟从来不拣新排出的粪便，它们会找寻已经在太阳下炙烤了很长时间的粪便。

蒂菲粪金龟的双亲

　　我手上刚巧有一个用来做昆虫实验的玻璃管，长约 1 米，直径约 3 厘米，能满足蒂菲粪金龟对洞口的要求。我将玻璃管的一端用塞子堵住，往里面装了不少细沙子与潮湿泥土混合而成的沙土，等待着挖掘工人的出现。

　　我还专门做了个三角支撑架，使管子能垂直竖起来，好方便这些挖掘工作业。我将管口支在三脚架上，然后用一个小罐子罩住开口，只留出了很小的一部分露在外面；接着又在开口处铺上一层软沙，并在这里留出一块空地，好方便蒂菲粪金龟将从洞中带出的泥沙和搜寻到的食物安放在此。最后，为了防止蒂菲粪金龟逃跑，同时为了保持管内的空气湿度，我在上面扣上了一个玻璃罩。为了让这个设备更稳固，我还用铁丝和绳子固定住了它。

　　蒂菲粪金龟挖掘的洞直径常常只有玻璃管直径的一半，如果这些挖掘工人能精准地垂直挖下去，它们能挖得很深。可是，如果它们在挖掘过程中稍稍产生点偏差，可能挖不了多久就会碰壁，从而使透明的管壁变成了窗户。这对我来说更有利于观察，可喜欢黑暗环境的蒂菲粪金龟就会很头痛。

　　我想保留这些窗户，但又怕打扰蒂菲粪金龟的工作，于是就找来些硬纸壳，将透明的玻璃管包了起来。这样，我只要轻轻拨开纸壳，就能借着一丝光亮观察它们了。要是它们多失误几次，开更多的窗户，那么我利用纸壳灵活开关，能更清楚地看到管子里发生的有趣故事。

　　最后，我为它们做了一项准备措施。因为我只是随意将挖掘工们放在罐子里，或许它们不会注意到那块能够用来开垦的沙地，因此，为了让挖掘者们能顺利找到正确的挖掘地址，我特意在玻璃管上部留了些地方；还在玻璃管内壁上铺了一层薄薄的金属纱网，方便它们攀爬。

　　三月正是蒂菲粪金龟筑巢的时节，我从野外找到一对蒂菲粪金龟，将它们放进我的设备里，又在玻璃管附近堆放了些羊粪。正如我预料的那样，勤劳的挖掘工刚刚安顿下来，就开始了忙碌的挖掘工作。

　　这对蒂菲粪金龟被我挖出来时正在土里筑巢，这会儿，它们一住进玻璃管，就忙着继续之前的挖掘工作，干劲十足，没有一刻的停止，或许是时间紧，任务急吧。瞧，它们可没有半点停下来的意思。

　　像我料想的那样，它们没能精准地垂直挖下去，而是出现了偏差，使得洞壁上出现了一些透明的地方，让人能看见玻璃管内的情况。只可惜这些透明的空洞并不大，不足以让我完全看清里面的情况，况且它们也不是一成不变的，随着挖掘工作的进行，一些旧的空洞被填补了，而另一些新的空洞又出现了。造成这种现象的原因是，蒂菲粪金龟在用力推土的时候，可能会与壁管发生摩擦，从而摩擦掉上面的沙子。因此，我得以在光线合适的条件下，观察到一些管子内部发生的事情。

在用来供蒂菲粪金龟生活的器皿里，蒂菲粪金龟正在建造自己的爱巢。

钟情的灵物——蒂菲粪金龟

雌蒂菲粪金龟总是在前方，它先是用三叉戟撞松泥土，随后用臂上的钉耙耙土和挖土。雄蒂菲粪金龟则跟在后面，将妻子挖出的土运到洞外去。夫妻俩是不会交换工作内容的。

雄蒂菲粪金龟像个尽忠职守的挖掘工人一般，一直跟在妻子身后，将妻子挖出的土不断搜集到自己身边，用力揉成能滚动的团状，最后用自己的三叉戟将它顶出洞口。

为了方便观察，我在实验室一处比较阴暗的地方又竖了一根垂直的玻璃管，它没有先前那根管子大。随着产卵期的日益临近，蒂菲粪金龟目前最要紧的任务就是挖洞穴。

我找到了另一对正忙着挖掘工作的蒂菲粪金龟，把它们放入了新竖起的玻璃管里，发现它们第二天白天就立马继续起之前的挖掘工作。妻子在卖力挖掘，丈夫守候一旁，在发觉妻子身边的泥土已经妨碍到它工作时，丈夫会马上将这些泥土运回自己身边，用肚皮和后腿的力量将这些松散的泥土压成一团团的。丈夫钻到做好的土团下，先用三叉戟扎进去，然后用粗壮且带齿的前腿抓紧土团，以防泥土散掉，竭尽全力将它推出洞口。很快，蒂菲粪金龟发现，玻璃壁太滑了，很难将土团推出去，这可怎么办好呢？

于是，我往管道里添加了些黏土，好让管壁不那么光滑，方便蒂菲粪金龟运送泥土。黏土经过管壁时，会留下一个个小土块，这些小土块也顺理成章变成了蒂菲粪金龟前进中的踏脚石。蒂菲粪金龟推着泥团不断上升，所经过的地方也变得坑坑洼洼起来，可管壁还是有些滑，这也给蒂菲粪金龟增加了不小的难度。蒂菲粪金龟费力将土团堆放到洞口不远处，让它稳定地待在那里，再回到洞里去搬运下一个土团。可玻璃管壁实在太滑了，在经历过一次次的失败后，蒂菲粪金龟不得不放弃了这些艰难的工作。这对夫妻看上去有些灰心丧气，很想尽快从这里逃出去。

而另一边那个大一些的试管里，挖掘工作进行得很顺利。在自然条件下，蒂菲粪金龟从三月份开始工作，到四月中就能完工。但在玻璃试管

到了晚上，雄蒂菲粪金龟会到洞穴附近捡拾粪球，
以准备充足的食物。

里，它们要挖一个同样的井，则多需要一个月的时间。

那么，夫妻俩在挖掘工作进行的期间，都吃些什么呢？妻子一直在井底劳动，而丈夫也只是上上下下地运送土团，况且出口已经被堆积如山的土团堵得牢牢的，它们根本没法去寻找食物。

它们会在附近的泥土里找点吃的吗？我特意在试管里留了些羊粪，可据我观察，它们依然在那里呢。可见夫妻俩也没有专门出来寻找食物。那就只有一种可能，它们压根就没有吃东西！天哪，蒂菲粪金龟竟然能在长达一个月的时间里不吃任何东西，而且还得干那样繁重的体力活。

为了详细记录挖掘过程，我还专门做了一个统计，将它们每天储存起的土团数量记录下来。我记得第一次的数量是 12。

一天晚上，我观察到丈夫从家里走了出来，在粪团旁使劲揉搓着，把粪团搓成了圆桶状。我慢慢走近它，想看清楚它在干什么，但它显然被我的到来吓到了，立马放下粪团躲进了井里。

第一章
钟情的灵物——蒂菲粪金龟

我总能看到雄蒂菲粪金龟独自出门觅食的身影，它总是满载而归，妻子却忙得没有时间外出。4月13日，雄蒂菲粪金龟第一次外出觅食，之后10天里共制作了23粒粪团，算下来平均每24小时能运走2粒。这些粪团是它为孩子准备的食物呢。

雄蒂菲粪金龟是如何将粪团运回洞中的呢？它又是怎样工作的呢？

雄蒂菲粪金龟来到洞口后，先找到目标粪团，而这个粪团可能直径比井口还长。它用前足拖着粪团，倒退着往井口爬去，或者干脆用强劲的三叉戟将粪团往前顶着走。来到井口处，它放下粪团，自己先爬到井里，再用前足抱着粪团的一头，将它拖进去。它不会直接将粪团运到井底，以免打扰正在工作的妻子，而是在离井底一定距离的地方建一个临时工作室，将粪团稍微倾斜着摆放在井壁处。

我们总提起它那强劲的三叉戟，那么，这个长在蒂菲粪金龟前胸上的三根尖锐长矛（中间的一根最短，两边的两根较长，矛头直指前方），究竟有什么作用呢？

原来呀，三叉戟不仅是装饰物品，还是有用的工具呢。长短不同的三根矛组成了一个凹陷的弧形巢，能将粪团稳稳固定住。工作时，蒂菲粪金龟的四条腿立在井壁上，稳稳地站在零碎而摇晃的车间楼板上，弯曲着身子，用三叉戟抓住粪团，将它固定住。接着，它再用前臂处的锯齿状臂铠把粪团锯成许多小块，让它们得以从楼板的空隙间掉到井底，也正是妻子工作的地方。这些掉到井底的小块粪团没有经过精心筛选，中间还夹杂着没有切碎的大块粪土，很是粗糙。但妻子能一眼辨认出粪土的质量好坏，迅速将它们分开。粪团全部被磨碎，处理好后，丈夫就会重新外出寻找新的食物，然后开始新一轮的研磨工作。

井底的妻子也没有丝毫的空闲时间，它得将掉落下来的粪团按照质量好坏分开来，并且精心地磨碎成粉末，然后用软一些的粉做面包心，用稍微硬一些的粉做面包的皮，做成一个个圆圆的面包状粪团。它不停地翻转，用自己扁平的胳膊拍打着粉末，直到将粉末变成粪团面包，最后用脚将它踩实。大约十天后，在夫妻俩的共同努力下，圆柱形的粪球面包终于做好了。

4月24日，准备工作已完工，丈夫爬出玻璃管，在玻璃罩中来回爬动。不久之前，它还是个一见到我就钻进井里的胆小鬼，现在却已经完全不惧怕我。此时，它对玻璃罩中的美食完全提不起兴趣，急切地想爬出去，可又一次次从光滑的罩壁上滑下来，显得十分焦躁。

在折腾了整整24个小时后，丈夫精疲力竭，放弃了往外逃。我想弄清楚它究竟为什么一定要离开，于是将它带到了一个大空罐子里。这里空间开阔，阳光和食物都很充裕，甚至大到可以让它飞，可第二天我发现，它死在了里面。原来，这个丈夫在完成自己的任务后，已经预感到自己时日无多了，所以才如此急切地想离开，躲得远远的，不想让自己的死影响妻子接下来的工作呀。它真是一个令人敬佩的父亲！

五月时，我在自然环境中发现了许多雄性蒂菲粪金龟的尸体。六月的第一个星期，我刨开笼子里的泥土，发现15只雄蒂菲粪金龟已经全部

雄蒂菲粪金龟用锯齿状的臂铠将粪球切成小块，而落到洞里的粪块将由雌蒂菲粪金龟进行研磨和加工。

死了，而雌蒂菲粪金龟依然活着。在无情的自然法则支配下，雄蒂菲粪金龟在为自己的家奉献了全部力量后，在完成了自己的职责后，选择了离开家庭，找个离得远远的地方，安静地死去。

蒂菲粪金龟的父母之死

雄蒂菲粪金龟死后，我在用竹竿搭起的三脚饲养装置中发现了一根圆柱形的面包，跟我曾在郊外看到的一样。可我并没有在这些食物下找到卵，周围其他地方也没有。食物留在此，却没人来吃，是为什么呢？是因为雌蒂菲粪金龟嫌弃这里不舒服，去别处产卵了？可既然不需要进食，它们又为什么要准备这些面包呢？

我一共进行了 12 次野外挖掘，发现只有 3 次食物中没有卵。在这几次中，我发现雌蒂菲粪金龟并没有产卵，但食物已经提前制作好，放在了那里。野外辽阔，山羊又总是在移动，因此不会在某一个地方留下大量粪便。蒂菲粪金龟一家需要 200 多粒羊粪球，可一只羊顶多只能留下 40 多粒羊粪球。

蒂菲粪金龟很聪明，它们在粪球最集中的地方挖掘地穴，夜晚就可以轻松地在住宅周围搜集食物。为了防止迷路，它们只会去离家较近，自己又比较熟悉的地方捡粪。

这个默默劳作的捡粪者厌恶远行，它的身体机能在不断弱化，某一天，在家门外宁静的星空下，它悄无声息地死去了。我想，这或许就是五月初人们常在野外发现雄蒂菲粪金龟尸体的原因。

十二月中旬，我在两个装置中各挖了一个浅坑，并将我的实验对象放了进去。这样，它们会很快适应新的环境。我又在洞口撒上了些羊粪，结果与在自然环境中生活的虫子所发生的一样。冬天即将来临，我将这些小家伙们移到了温暖的室内，好让它们能舒服地过上整个冬天。

雌蒂菲粪金龟加工的粪便面包被
叠放、储存起来，供幼虫食用。

二月中旬，天气越来越暖和，在一个阳光明媚的日子，我当媒人，给它们各自找了一位配偶。洞房花烛夜，夫妇俩在新房里努力劳动着，场面热闹非凡。看起来，它们的洞穴挖得很深，因为两天不到，那些从洞中运过来的土就在门口累积成了一个圆形山丘。除此以外，它们还运过来10粒粪球。在长达三个月的不间断挖掘中，它们有时会歇息一会儿，在这中间雌性会一直待在洞里，而雄性则一般在晚上出去寻找食物。

天气似乎很能影响它们的工作，晴好的日子里，它们一般很长时间不出来寻找食物，而到了阴天或雨天，它们倒会非常主动地出来寻找食物。

六月就要来了，丈夫似乎很清楚自己剩下的时间不多了，干劲更大了，希望在所剩不多的时间里给妻儿留下更充分的粮食储备。丈夫好像过于勤奋了，它连续不断地搬粪球，把粪球挨个压紧，粪球几乎填满了整个洞穴，这也给妻子的正常工作带来了困扰。于是，丈夫又必须将收集来的多余食物都搬出洞去。

6月1日，一个装置里已经存放了239粒粪球，如此大的规模，可以看出夫妻俩曾经多么辛苦地工作。我由衷地为它们感到高兴，可是，几天以后，我看到雌蒂菲粪金龟死掉了，它安静地躺在屋外的地面上。

　　妻子竟然死在了丈夫的前面，为什么会出现如此不合常理的事情呢？我把三扇活动百叶窗的螺丝松开，开始对装置内部进行仔细检查，没有发现什么问题。可是在洞穴的底部，我却无法找到一丝一毫筑巢的痕迹，这是为什么呢？制作完成的香肠也没有，甚至香肠的半成品都没有找到，粪球就乱七八糟地堆在那里。

　　很显然，妻子还没有产卵，一共239粒粪球还一堆堆地码放在那里，根本没动过。就算丈夫不在了，妻子依然可以享用一生。在妻子产卵以前，丈夫一直在非常勤奋地捡粪，将一少部分留在底层，大部分都存放在每一层的储藏室里。

　　可是，里面为什么还是整整齐齐的呢？我发现，洞穴非常深，甚至已经到了这个深达1.4米的容器的最里面，一直到被木板封住的底部才停下来了。在这个它们只能束手无策的木板层，隐约可以看到一些被抓过的印迹。肯定是雌蒂菲粪金龟把洞打到这里时被阻拦了，它拼尽全力，可最后还是以失败告终，于是它只能放弃。它不但身心俱疲，而且灰心丧气，最后只能走向死亡。

　　把卵产在空心的洞底为什么不可以呢？那里的温度和湿度都和自然环境中的洞穴一模一样。这个办法不行！因为那一年，我所在的地区发生了严重的干旱，土地都缺水得厉害。

　　我时刻关注着，保证容器内的湿度足够好，所以，里面的住客没有受到自然环境的干扰。暂时还没有有足够说服力的证据表明它会一直待在这里，感受外界环境的改变。它敏锐地注意到了外界气候的变化，感知到严重的干旱会影响到隐藏很浅的幼虫。因为没办法达到预估的深度，因此它还没有来得及产卵就离世了。

　　另一对蒂菲粪金龟被我放进另一个空心柱里面，两天以后，那只雌蒂菲粪金龟竟然离开了这里，完全把家里的丈夫抛到了脑后。连续7次，我将它抓回来放进洞里，可是，到了晚上，它又执拗地爬了上来，重新给自己筑了个家。它竭尽所能钻入土里，假如不是罩子上的网纱挡住了它的去路，它早就逃之夭夭了。是它的丈夫死掉吗？当然不是，我看到雄蒂菲粪金龟正精力旺盛地住在洞穴上层。

本性喜欢宅在家里的雌蒂菲粪金龟，竟然下定决心要出走，难道是因为夫妻感情出了问题？还是觉得对方高攀了自己？难道那位求婚者并没有得到姑娘的青睐？根据规矩，到了适婚年龄的雌性，可以自由选择夫婿，它会根据求婚者的品行来决定要谁做自己的配偶，将谁拒之门外。如果想要在一起生活得更久一些，这段姻缘就得慢慢来。至少蒂菲粪金龟是这样想的。

昆虫的生命太短了，它们往往见异思迁，享受当下的快乐，不给自己增加更多的烦恼，可是在这儿却可以寻找到真正意义上的更久远的夫妻关系，它们一起承受痛苦，享受快乐。如果夫妻双方对对方都没有好印象，还会为孩子将来的幸福而共同劳动吗？我们以前看到过相互挨着的两个洞穴的两对夫妻，被分开以后还可以把自己的配偶认出来，重新生活在一起。而眼前这对夫妻却对对方没有好感，想尽办法出逃。

为了维持它们的婚姻，我努力了一整个星期，结果却毫无成效，我必须重新考虑给它们找个新配偶。乍一看上去，它和第一位几乎一样，可从此所有工作都开始走上正轨了。洞穴直直延伸出去，土丘的高度不断增加，食物被运送进储藏仓库，食品香肠也在飞速加工着。

到6月2日，洞中已经堆积了225粒粪球，食物储备已然十分丰富了。不久以后，这位辛苦的积粪工死在了一粒还没有运到洞穴的粪球上。可怜的妻子还在家里劳碌着。六月，它又从丈夫遗留下来的财产中找出了10粒粪球。外面的温度越来越高，妻子就一直待在家里。

它一直待在冰冷的地下室做什么呢？看上去，它和雌螳螂一样，在照顾生产下来的卵。它在洞穴里走来走去，听听香肠里有没有什么异动。卵的成熟周期大概是四周。4月17日卵产下来，5月15日卵生长为幼虫，卵的孵化需要这么久的时间，这和温度关系不大，因为这个洞穴底部太深了，很难受到外界的影响。

幼虫也不急于出来晒太阳，一整个夏天，它们都待在洞中。这里温度适宜，不被地面气温改变所影响，又可以躲避地面的威胁，确实是个理想的港湾。蒂菲粪金龟妈妈期待自己的宝贝可以不受任何威胁地待在这里，只甘心享受父母给它们提供的美味食物就可以了。

刚刚降生在沙土里的幼虫使尽了各种招数，嘴咬、手抓、屁股拱，给自己开辟一条向上的通道，每天往上挪动一点点，最后终于来到了堆放在上层的食物上。它在喂养它的玻璃管里爬来爬去，精心选择身边的食物，这个咬一口就弃置一旁，那个再尝一口。它把身子缩起来，之后又绷直，摇来晃去，生活一片美好。

两月以后，它经过了食物堆柱子，变成一只美丽的幼虫，身形匀称，长得也很体面，形似金匠花金龟的幼虫。

八月末，它们的幼虫阶段宣告结束。它再次爬到柱子的底部，把身体埋进沙土里面，进行着蜕变。它在沙土中打造出一个结实而粗糙的盆子。

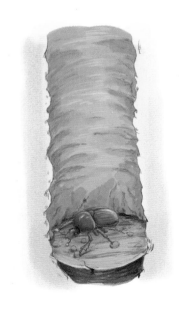

在雌蒂菲粪金龟产卵之前，雄蒂菲粪金龟一直都会很积极地寻找粪球，并把其中一小部分放在洞底。

　　在变成蛹以前，它身体里的垃圾必须被全部排泄出来。幼虫仔细地将这种经由肠胃细细打磨的黏合剂涂抹在沙土墙壁上，再用自己浑圆的屁股将之抹平，不停地将暴露出来的泥灰抹光，一开始还毛糙的房间瞬间变得平滑了很多。

　　蛹蜕变的所有准备工作都已经宣告完毕了。从形态和大小方面来说，雄性蒂菲粪金龟已经达到了成年雄性的样子。十月份左右，我得到了各方面都很理想的昆虫。从卵到最后的成虫这个过程，大概是 5 个月。

　　我再回过头来看这只雌性蒂菲粪金龟，它保存的粪球已达 255 粒，其中有 225 粒是丈夫生前留下来的，余下的 30 粒是妻子自己动手收集的。温度越来越高，它打定主意不回到地面上工作了，而是留在井底收拾自己的家。尽管我很想知道家里是个什么情况，可还是忍住了，可是我那个玻璃罩里却一直很安静，直到有一天，我打开地下室大门，在垂直长廊的上部离出口很近的地方，看到它已经没有呼吸了，尸体都发霉了，表明它早就死掉了。

一只辛劳的雄蒂菲粪金龟倒在还没来得及搬运的粪球旁，死掉了，雌蒂菲粪金龟赶来继续完成后面的工作。

它死亡的位置为什么是在靠近出口的地方？它渴望回到地面上去，可走到一半突发心力衰竭，突然死亡了，真是太遗憾了，它几乎是死在了门口。或者母亲的结局应该更完美一点，它应该在孩子们的左拥右护下走出洞穴。在一年中最后的日子里，辛劳了一生的母亲应该看到孩子们幸福的模样，这是它这么久以来的辛苦理应得到的回报。

 ## 蒂菲粪金龟的道德

翘首以盼的春天终于来了，蒂菲粪金龟开始四处物色自己的好姻缘，和它一起在地下打造自己的安乐窝。尽管丈夫频频外出，可以遇到很多美丽的姑娘，它依然忠贞不二，一直守护在自己的妻子身边。经过一个多月的连续工作，它将挖出来的土源源不断地运往洞外，好有毅力啊！遇到困难，它也从来没有退缩，它将相对不太累的耙土工作交给妻子，自己则选择了最累的工作，从一条狭窄、高陡的地下长廊把土运送出去。

此外，它还要去外面给家里的宝贝们寻找食物。为了让妻子做面包不那么累，它又扮演了磨粉工的角色。在离洞底不太远的地方，它将被太阳晒硬了的食物捣碎，再磨成粗粉，通过食物码放的空隙，面粉会漏到妻子的面包房里。最后它拖着疲惫的身躯离开家，倒在了远离自己家的地面上，死掉了。为了让孩子生活幸福，它心甘情愿地付出，直到最后牺牲，这是一位多么值得赞颂的父亲啊。

可是雌蒂菲粪金龟并没有空闲时间可以出去，它必须待在这里料理家务。它将面包捏成棍子的形状，把一粒卵藏到里面，不分白天黑夜地看护着，一直到出生的孩子离开家。自己的使命完成以后，它会重新回到地面，可是它也迅速安静地离去了。这位母亲是多么令人敬仰啊！

小小的食粪虫究竟具备什么样的天性？它们的行动是提前计划好的，有自己的劳动工具，有自己的事业，分工也很清楚，真是让人难以置信啊。

雄蒂菲粪金龟为了让孩子们过上幸福的生活，
总在默默地奉献自己。一只雄蒂菲粪金龟又爬
出洞来寻找食物了，多么伟大的父亲。

　　蒂菲粪金龟有个偏好，就是收集羊粪，为了孩子，它会选择那些被
太阳晒硬了的羊粪。我也只能说，各人有各人的嗜好。假如它不是与生俱
来就对这道菜情有独钟，又怎么会不选择本应该属于自己的可口食物，而
选择这低等的、干硬的、枯燥的，其他昆虫看都不愿多看一眼的东西呢？
　　收集来的可口食物，蒂菲粪金龟都拿来做什么了？因为洞穴里的潮
气的功劳，这些原本让人没有食欲的食物会变软，这时就可以吃了。它将
粮食做成呢毯，冬天可以充当保暖的屏障；其次，这些干羊粪在它巧手的
制作下，可以变成孩子们偏爱的软香肠。
　　为了让食品保鲜，它必须挖个食品储藏室，而且必须挖得够深，以
免食品被夏季的炎热烤干了没办法再吃。幼虫的生长是个漫长的过程，一
直要到九月才能变成成虫。为了让幼虫和粮食可以躲避夏天毒辣的太阳，
洞穴挖 1.5 米深一点都不过分。

为了把工期尽量缩短，蒂菲粪金龟夫妇开始齐心协力地干活。妻子负责耙土，丈夫在外面松土，并从外面把粗粮捡回来，在楼上将得来的食物打磨成粗粉。待在下面的妻子清理掉面粉中的杂质，将面粉加工成软面包。夫妻俩合理分工，通力合作，力求效率最大化。

在长久的学习中，通过积累经验和教训，两位合作者分工明确，而且夫妻感情也越来越融洽，生活像注了蜜一样甜。

刚做好的糕点是给一条幼虫准备的，而且只够一条幼虫吃。可是种族要想繁衍下去，就必须有更多的孩子。可是，那位父亲因为太过于辛劳，撇下自己的妻儿，独自死在了外边。

只要做妈妈的身体中还有卵，它就必须把剩下的工作都一力揽起来。辛辛苦苦筑好了一个巢，又必须开始下一个，为了让孩子们的生活过得安全而富足，本来在家从来没有外出过的母亲也必须经常外出了，在洞穴附近收集粪球，而且将粪球运回洞里保存起来，再独自加工成面包。

偏偏在妻子生产最紧要的关头，丈夫离开了家。这是因为它年老体衰，身体状况也大不如从前了，不是它想偷懒，不愿再为这个家付出，而是因为它实在没有能力了，只能抱憾离开。可是在我的观察中，有一个容器中的雄蒂菲粪金龟坚持到了六月，在这个过程中，它竭尽所能地为自己的妻子做好了充足的粪球。

它可以一直坚持到六月的原因是，它身边的财富取之不尽，用之不竭，可以在最好的状态下进行收集，那份不用整日担心吊胆的工作让它多活了那么久。而早早遗憾离去的雄性，在把身边为数不多的粮食收集完以后，就会在无聊中抱憾离开。

可是它完全不记得自己还有翅膀，可以飞翔，为什么不能去离家远一点的地方呢？不管怎样，它总归可以找到点让自己充实的事情吧。可是它完全没有这样的想法。是什么原因？既然它不能多做几天这份辛苦的工作，也不能去离家远一点的地方去搜罗食物，那它要怎样才能协助自己的配偶，一直到工程竣工呢？

可是进化一直都是这样，它的活动范围是在一个不会持续扩展的圆圈里，它现在的样子是把第一个粪球推到地窖里的样子，将来也是这样。

通过长期观察，我们看到，蒂菲粪金龟为了孩子付出了无限的热情。假如这件事不是发生在食粪虫身上，而是我们身上，我们肯定会说这是出于道德，是一种优良品质。有些人也许会说，食粪虫也可以担当道德这个词，是不是太夸张了？在人们看来，动物就不具备道德，只有人类才配拥有这种高尚的品质。

没错，动物不被道德所管辖，不依靠劳动获得更多的财富，也不需要充实自己的思想，它们却被天生的、永久不变的戒律所管辖着。在这些戒律中，最核心的一条就是父母关心、照顾孩子，既然生活的第一要务是物种的繁衍，就应该极尽呵护初生的幼小生命，让它们幸福长大。这是为人父母的义务所在。

在蒂菲粪金龟的世界里，它们不懂什么是道德，也不将这视为一种美德。在它们看来，养育自己的孩子，倾尽一生去保护和照顾自己的孩子，是它们的义务，也是它们与生俱来的责任。

雄蒂菲粪金龟是可以飞的，但是它不会飞很远去寻找食物。因劳累而死掉丈夫的雌蒂菲粪金龟只能自己出来搬运粪球。

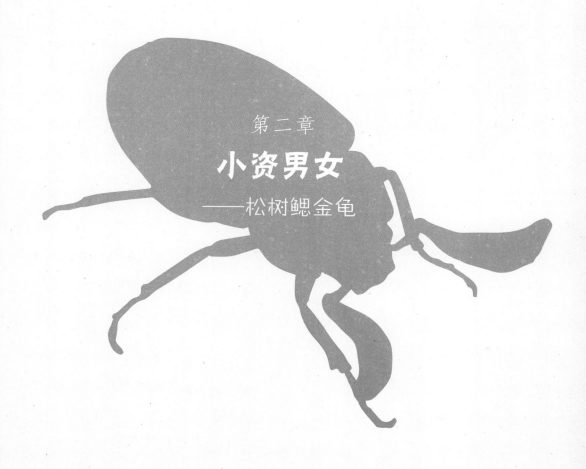

第二章

小资男女

——松树鳃金龟

昆虫档案

昆虫名：松树腮金龟

学　名：富云腮金龟

身世背景：属于鞘翅目金龟总科中的一科，腮金龟是金龟科中最大的一科，法国已知的就有 500 多种；外表俊美优雅，雄性的短触角上有装饰物

生活习性：只出现在松树上，也因此而得名；能利用胸部、腹部的颤动和鞘翅摩擦，发出独特的美妙声音

喜　好：住在松树上，以腐烂的树叶为食

武　器：鞘翅

松树鳃金龟的完美生活

"缩绒"是一种药物，我怕大家不喜欢这个称呼，从而对这种同名的昆虫也不感兴趣，所以我们还是叫它"松树鳃角金龟"吧，因为它只居住在松树上，所以才有了这个名字。松树鳃角金龟长得非常漂亮，可媲美俊美的葡萄蛀犀金龟。它或黑色或栗色的外衣上，优雅地布上一层白色丝绒状的装饰，显得朴素而得体。

雄性松树鳃角金龟短短的触角上面装饰着华丽的头饰，是由七片大叶片重叠在一起而成的，看起来洋气又漂亮。更加不可思议的是，松树鳃

鳃金龟是一种只会在松树上出现的昆虫，它们以腐烂的树叶为食。

松树鳃金龟的外表很俊美，其中雄松树鳃金龟头的短
触角上还附着花哨的头饰。

角金龟头饰的形状会随着情绪的变化而变化，不同的情绪会产生不同的形态，当它情绪高昂的时候，头饰就会展开，像一把扇子似的；当它情绪低落的时候，头饰又会合拢，就像一个花骨朵。这美丽的头饰就是它们完美的感觉器官，哪怕一些难以察觉的气味，它们都能感觉到，同时它们还能接收到人类无法获取的电波，比起人类的感觉器官，松树鳃角金龟的感觉器官更胜一筹。雌性松树鳃角金龟的头饰只有 6 片叶子，而且每片叶子都比雄性的要小很多，但身为母亲的职责要求它们的感官必须与雄性一样灵敏。

雄性松树鳃角金龟的头饰到底有什么作用？它们灵活的感觉器官由 7 片叶子重叠形成，与大也雀蛾摆动的触角、鹿角锹甲乙大颚上的枝丫作用类似，它们会用头饰做出各种各样的姿态来要酷，在追求异性的时候吸引心上人的注意。

美丽的松树鳃角金龟总是在夏至前后出现，准确得如同我们的四季历，所以它被列入了昆虫历。夏至时分，麦子在烈日下被晒得焦黄无力，这时候，松树鳃角金龟便爬上松树，它们对时间的把握是如此之准确。某个夏至夜晚，四周安静无风，荒石园的松树上如期出现了松树鳃角金龟。雄松树鳃角金龟热情洋溢地在空中飞舞，没有发出一点声响，它们飞来飞去，尽力张开自己的头饰，使其越来越大，越来越具有吸引力，接着，它们往树杈上冲去，心爱的姑娘在那里呼唤着它们。这些年轻的小伙子成群结伴地在空中飞过，在苍茫的夜空中形成一条条粗壮的黑色线条。休息一段时间之后，它们再次飞舞起来，在空中偷看其他姑娘。松树鳃角金龟就这样断断续续地度过了半个月，它们到底在树上做了什么呢？

雄松树鳃角金龟在向自己的心上人诉说情意，一直到暮色降临，它们才停止示爱。第二天清晨，我们在低矮的树枝上发现了它们。它们静静地蜷缩在那儿，对周遭的一切置之不理。真奇怪，它们这是怎么了？我用手去捉，它们依然无动于衷。大部分鳃角金龟都用后脚抓着树干吊在上面，嘴里还咬着松针，有些只是轻轻咬在嘴上，怡然自得地做着美梦。当黄昏来临时，它们又兴奋地嬉闹起来。

夏至时节，雄松树鳃金龟会在松树上将头饰展开，以此来吸引雌松树鳃金龟的注意。

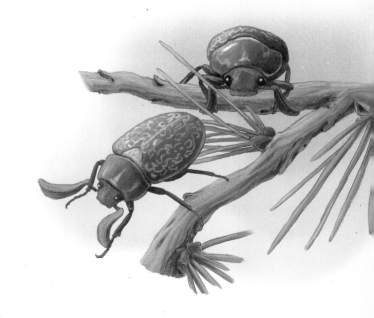

　　我想仔细观察它们是如何嬉笑打闹的，可是我根本没办法爬到树上去看，所以只得捉来几只鳃角金龟将其囚禁起来观察。清晨，我捉来四对松树鳃角金龟，放进一个有根松枝的笼子里，令人意想不到的是，这些鳃角金龟失去了自由飞舞的能力，所以我也未能看到预期的景象，真遗憾啊！我只看到了一只雄性鳃角金龟慢慢靠近一只雌性鳃角金龟的样子，它缓缓展开自己的头饰，伴随着一阵抖动，同时还努力张扬着触角，尽力做出帅气的模样，以赢得佳人的青睐，但事与愿违，对方一动不动。我也没有看到它们是如何进行交配的。

　　所有松树鳃角金龟都会演奏一种美妙的乐声，它们用这种音乐向自己的爱侣求婚，呼唤并挑逗自己的另一半，它们是怎么发出这种美妙的音乐的呢？松树鳃角金龟一上一下不停地抬动自己的腹部，鞘翅却纹丝不动，这样尾部就会和鞘翅边缘形成摩擦，美妙的音乐就是由这样的摩擦产生的。

　　松树鳃角金龟发出的声音到底是怎样的呢？做个很简单明了的比喻，就像是橡皮在玻璃上擦动的嗞嗞声，但松树鳃角金龟所发出的声音更有节奏感。不仅松树鳃角金龟能发出声音，还有少量鞘翅目昆虫也有这能力，比如西班牙粪蜣螂和食块菰的盔球角粪金龟，它们也能发出美妙的乐声，并且，这些昆虫的发声原理与松树鳃角金龟的是一样的，同样是因为其腹部的摆动与鞘翅摩擦而产生声音。

　　松树鳃角金龟为什么会有声音？它的声音有哪些作用？对雄性来说，可能是用来向异性表白的。为了解事情真相，我一连几天都蹲在松树下仔细观察，但遗憾的是，我只听到它们轻声的呻吟。后来我直接捉住一只松树鳃角金龟，用手轻轻拨动它，很快，它就发出了声响，直到我放开它，它才没有继续叫喊。原来，它所发出的声音，不是悦耳的音乐与深情的告表白，而是痛苦的哀鸣。它在快乐时默默无声，在痛苦和悲伤的时候不断哀叹呼唤。

　　除松树鳃角金龟之外，其他用腹部或者前胸发声的昆虫也是一样的。有一次，我捉住一只在粪土上嬉戏的蜣螂，它居然痛苦地叫喊起来，还有

那些被囚禁起来的天牛，同样会发出痛苦的哀鸣。但只要它们重获自由，那种声音便消失得无影无踪，要不是有外界的压制与刺激，它们不会轻易发声，所以大多时间里，我们听不到它们的声音。

昆虫到底为什么发出声音，至今还是未解之谜，但可以确定的是，它们具有听觉，只是它们对声音到底具有什么感觉，能不能像人类一样具有欣赏音乐的能力，我还不是很清楚。

我仔细研究松树鳃角金龟的听觉，在它面前放音乐，但它没有做出任何反应，头上的扇形装饰依然合拢着，继续着平常的生活。

有一次，有人在法国梧桐树旁发射了一发炮弹，声音震耳欲聋，可梧桐树上的知了却是一动不动，依然忘情地演奏着自己的交响乐。还有一次，人们举办太阳节活动，嘈杂的人声与焰火声交织在一起，可树上的圆蜘蛛居然充耳不闻，专心致志地织着网。此时此刻，我正在放 "科乐维纳的钟声"，优美清脆的声音依然无法让松树鳃角金龟动心，它们为什么对这些动听的乐声无动于衷呢？

七月的上旬或者中旬，雌松树鳃金龟会将卵产在
豌豆大小的小圆洞产房中。

通过实验我得出结论，昆虫对声音的感知与人类不一样，它们欣赏
不了人类的音乐，也无法感知周围的嘈杂声，大概，它们只能听到属于自
己世界的声音，对别的声音都无法感知吧。

每年七月份的上中旬是产卵的绝佳时间，这段时间里，那些被我关
起来的雄鳃角金龟就默默地退到笼子的角落里，或者直接钻进土里消失不
见了，它们就这样平静地过完了自己的一生。而此时，雌鳃角金龟却忙前
忙后地劳动着，因为它们正在孕育自己的宝宝，产房圆圆的，像豌豆一样
大小，每个产房里大概有 20 个卵宝宝。接下来的时间里，准妈妈们便不
再关心自己的孩子了。蒂菲粪金龟对自己的孩子关怀备至，相比之下，松
树鳃角金龟妈妈实在是太不负责了。

松树鳃角金龟的卵两头呈圆形，有 4.5 毫米长，从外面看为不透明的
白色，看起来像是被一层坚硬的鸡蛋壳包裹着，但其实这只是假象，这种
颜色原来就隐藏在它的透明膜里。产卵一个月后，到了八月份中旬，卵开

始孵化。

松树鳃角金龟的卵终于孵化成了幼虫，于是我的主要任务就成了喂养松树鳃角金龟幼虫，一想到可以亲眼看到它们第一次进食的样子，我难免有些窃喜。所以我常到幼虫活动的地方仔细观察，果不其然，我有了新的发现。我把新鲜的沙子与腐叶混在一起，这样的环境非常适合幼虫居住，它们在里面健康快乐地成长，用手脚在地上挖掘过道，同时还美滋滋地吃着美味的食物。

如果这时候我们去田地里，就会看到很多松树鳃角金龟大幼虫，它们长得又肥又胖，十分惹人喜爱。每个大幼虫都像一把弯弯的钩子，它们肥胖的身体有两种不同的颜色，前面是乳白色，后面是黄褐色，我想那些黄褐色可能是它们的粪便累积形成的。幼虫们如何处理这些粪便呢？它们非常爱惜自己的粪便，将其藏在自己棕色的腹腔里，将来在建造自己的蛹室的时候，可以用这些粪便来涂抹墙壁，搅拌砂浆等。

　　我是在沙地里找到这些大幼虫的，那儿只有少量的禾本科植物，很少看到成虫不触碰的树脂树木。跟之前的鳃角金龟一样，它们在松树上嬉闹求爱，然后长途跋涉找到含树脂的松树上，进行产卵。松树鳃角金龟成虫很好养活，只需要一些松针就可以了，但幼虫就很难喂养了，必须把它们放在有腐叶的泥土里才能生长。

　　大部分鳃角金龟幼虫会危害农作物的生长，因为它们以农作物的幼根为食，但松树鳃角金龟幼虫却不会，腐烂的侧根和植物残渣就能满足它们了，所以不会对松树根部造成伤害。成虫以树上的绿松针为食，它们吃得并不多，即便吃得多松树也不会有什么损伤，因为松树叶子实在太多太密了，这些虫子还能帮着松树整修一下呢。

第三章

温柔的屠夫

——金步甲

昆 虫 档 案

昆 虫 名：金步甲

英 文 名：Calliphoravomitoria

绰　 号：刽子手

身世背景：属于鞘翅目肉食亚目步甲科，大多为捕食性昆虫，有坚硬的鞘翅护甲，分布广泛

生活习性：肉食性昆虫，爱吃毛毛虫及蜗牛等，是消灭毛毛虫的能手；完成交配后，雌性金步甲会将雄性金步甲吃掉

绝　 技：迅速地屠宰猎物，并将其吃掉

武　 器：鞘翅

 刽子手金步甲

肉类加工厂，俗称屠宰场，每年有数万头猪和牛在里面被宰杀，鲜活的生命在此终结，今天我们要说的金步甲，就好似一部移动的肉类加工机器，能快速对其他生物进行宰割。

我将 25 只金步甲放在一个玻璃罩里，用一块木板作为它们的屋顶，木板被太阳晒得暖洋洋的，此刻它们正躺在木板下面一动不动，把肚子埋在潮湿的沙土里，悠闲地打着盹，消化胃里的食物。这时，我刚好看到一群松毛虫从树上往下爬，似乎在找一个安全的庇护所，于是我把它们当作礼物送给了金步甲，想仔细看看金步甲具体的屠宰过程。

荒石园中的金步甲成了我的新研究对象，它是典型的肉食性昆虫。

金步甲是捕食毛虫的能手，一只金步甲
正在撕咬它捕到的松毛虫。

　　我将松毛虫放进玻璃罩里，它们依次挨着形成一长排，像即将被宰杀的猪一样，估计一共有 150 多条，接着，这些松毛虫不停蠕动着向前爬到木板边缘，然后我放出了猛兽一般的金步甲，我把屋顶的盖子掀开，瞬间就嗅到了猎物的气息，一只金步甲立即扑向松毛虫，其他几只也相继而上，金步甲军队开始兴奋起来，有些在地下潜藏着的金步甲也闻讯赶来，齐刷刷地向猎物迈进。

　　真是太可怕了，松毛虫们被这些残忍的屠夫围堵，根本无处可逃，大量松毛虫被金步甲抓住，有些被咬住背部，有些被咬住肚子，它们的皮肤被咬破，露出五脏六腑，因为平时以松针为食，所以身体里流出许多绿色的汁液。松毛虫们浑身抽搐，痛苦地挣扎着，它们微微开合着肛门，口吐白沫，双脚乱蹬。有几只没被抓住的松毛虫还没放弃逃生的希望，它们拼命刨着地上的沙土，想要往地下逃跑，但当它们刨出一个洞钻进半个身子的时候，金步甲赶来了，这个残忍的屠夫一把抓住松毛虫，将它肢解了。没有一只松毛虫逃脱掉，这起血案竟是由我引起的，真是惭愧啊！我似乎听到它们在嚎叫，声音里满是痛苦和绝望！

松毛虫惨死的躯体还在眼前，刽子手金步甲就已贪婪地吃起食物来，每只金步甲拿到一块肉都会悄悄躲在一边，独自慢慢享受，吃完这块又去拿另一块，直到吃完所有被剖腹的松毛虫。不多时，150多条松毛虫就被吃得只剩一点残渣了。

25只金步甲，150多条松毛虫，平均每只金步甲就杀死了6只松毛虫，假设它们每天有6小时在工作，那它们将杀死36000只虫子，多么血腥的屠夫啊。

四月末的时候，我在荒石园里找到很多串松毛虫，这些松毛虫被我放在同一个玻璃罩里，我想不久后，一场残忍的肉食大宴便会开始。所有松毛虫都被刽子手们开膛破肚，有些松毛虫被一个食客食用，有些松毛虫被几个同时分享。15分钟不到，所有虫子被吃得干干净净，地上残留着一点残渣，就连这点残渣也被一只金步甲拿到了地板下，独自偷偷吃完。有的金步甲想吃独食，悄悄把肉拿到一个不容易被发现的地方，可不曾想

金步甲将松毛虫叼到一个隐蔽
的地方，准备好好地享用自己
的猎物。

半路上被同伴发现了，遭到了其他金步甲的打劫，一条虫子被一群金步甲瓜分了。金步甲们没有因同伴的行为而产生剧烈的争斗，只是将它的东西拿出来平分了而已，如果捉住松毛虫的那只金步甲不放手，那大家就一起吃，嘴巴挨着嘴巴，直到把松毛虫完全撕裂，每只得到一小块肉，咬着各自走开。

松毛虫会引起皮肤瘙痒，我之前对它进行研究的时候，就引起了严重的皮肤瘙痒问题，金步甲却无视这个问题，将它们视为美味佳肴，你给它们多少松毛虫，它们就吃多少，非常喜欢这道菜。不过到了冬天的时候，松毛虫蛾的丝囊里开始长出丝，这时金步甲们不再对它们感兴趣，悄悄蛰伏在地底下不出来了。一直等到次年的四月份，松毛虫才开始成群结队准备蜕变，到处找地方想将自己埋在地底，此时如果不幸遇上金步甲，这些刽子手们可不会错失这样的美味。

屠夫不会因为猎物的身上长满毛丝就不去碰它们，但如果遇到刺毛虫，金步甲却只能望而却步，因为刺毛虫的毛是毛虫中最密集的。我把刺毛虫和金步甲关在一起，它们在一起生活着，互不干扰，一连几天刺毛虫都在玻璃罩里转来转去，金步甲却好像不认识它们似的。偶尔，有的金步甲看到这个浑身长满刺的虫子会停下来，围着它看几圈，然后试探性地咬一口，可是，一感受到刺毛虫身上又尖又硬的刺，它们就立马害怕得转身走开了。刺毛虫洋洋自得，上下拱着背，气宇轩昂地向前走着。

几天之后，大概这些金步甲已经饿花了眼，伙同同伴一起攻击刺毛虫，4只金步甲围堵住一只刺毛虫，遭到两头夹击的刺毛虫最终落败。屠夫把刺毛虫的内脏掏去，转眼间就将它吃得干干净净，它们似乎只是一条可怜的幼虫，毫无反抗之力。

我给金步甲准备了很多幼虫，带毛不带毛的都有，它们都非常喜欢，但不可以太大，必须跟金步甲个头差不多。它们不喜欢太小的幼虫，因为不够它们吃；也不喜欢太大的幼虫，因为打不过。我将大戟天蛾和大孔雀蛾的幼虫扔给它们，但金步甲刚刚一咬，这些幼虫就奋起反抗，用力扭动

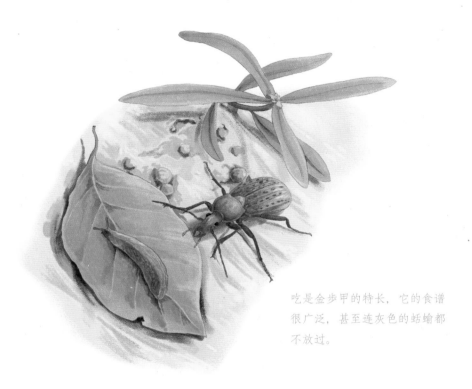

吃是金步甲的特长，它的食谱
很广泛，甚至连灰色的蛞蝓都
不放过。

自己的尾巴，一下子就把金步甲给抛出老远，此时金步甲也是异常执著，再次发起了攻击，可还是没能打败它们，多次尝试之后，它们终于放弃了战斗，这真是一个厉害的对手啊。半个月过去了，这两条幼虫毫发无损地继续待在这里，它们尾部的力量实在是太强大了，令这些残忍的刽子手也退让三分。

由此来看，金步甲其实只是个欺软怕硬的家伙。金步甲最大的弱点是不会攀爬，再小的灌木也只能仰望，所以它们的捕猎范围只限于地面。

金步甲的特点是能吃，它几乎什么都吃，就算是胖一点的带棕色斑点的灰色蛞蝓也是它们的猎物，三四个金步甲一起围攻蛞蝓，很快就将其拿下了。蛞蝓背部有一层受内壳保护的地方，那是金步甲的最爱，那儿的肉比其他地方的肉要香很多，金步甲非常喜欢这种含矿物质的味道。在吃蜗牛的时候，金步甲也喜欢吃那层钙质斑纹外壳，从那里下手最方便，同时那儿的味道也最鲜美。金步甲最常吃的食物就是蛞蝓、毛虫、蜗牛等。

蚯蚓也是金步甲喜爱的美食。遇到下雨天，蚯蚓从洞穴里爬出来，就算再庞大也不会令金步甲害怕。我捉来一条很大的蚯蚓，足有两拃长、手指般粗细，金步甲一看到它就立马围了过来，六只金步甲一起发起攻击，蚯蚓只能不断扭曲身体来躲避金步甲的攻击，可惜毫无作用，它能做的不过是将身体或进或退，或盘旋在一起而已，金步甲死死捉住蚯蚓，依次攻击它，蚯蚓不断翻滚着，想钻进土里，可被金步甲捉着根本跑不掉。战斗渐渐进入白热化阶段，蚯蚓被一只金步甲咬住，不管它怎么挣扎，金步甲也不松口，终于，金步甲咬破了蚯蚓光滑而坚硬的皮肤，它的五脏六腑从身体里流出来，金步甲直接钻进了它的身体吃起来，另外几只金步甲也相继过来一起食用，很快，原本粗壮的蚯蚓就成了一堆残渣。

我为金步甲准备了各种美食，还给它们准备了花金龟。我把花金龟放在金步甲的玻璃罩里，它竟然安然无恙地度过了两周。金步甲根本就没正眼瞧过花金龟，它不喜欢这种食物吗？抑或是不知道对手身手如何，还在慢慢试探？我除掉花金龟身上的鞘翅和后翅，金步甲似乎得到了消息，立马从四面八方围过来，同心协力一举拿下了花金龟，将它们开膛破肚，不一会就把它吃掉了。金步甲吃得异常兴奋，似乎花金龟很合它们的口味。于是我知道了，金步甲之前之所以不敢进攻花金龟，是因为害怕它们身上的鞘翅护甲。

我又拿大个子黑叶甲进行了实验，结果居然也是如此，金步甲会害怕身体健硕的黑叶甲。当金步甲遇到黑叶甲的时候，根本不会多看一眼，完全没有要进攻的样子，可当我把黑叶甲的鞘翅摘掉之后，这些金步甲立马就将黑叶甲团团围住，把它吃得一干二净。金步甲还很贪吃，不管我给它们多少食物，它们都会将其全部吃掉。

金步甲从不打没把握的仗，花金龟和黑叶甲都有鞘翅做武器，它找不到它们护甲下的身体，所以从不轻易进攻，担心万一不能打败对方，可能还会误伤了自己。但对方的护甲稍有松懈，它们就会立马发起攻击，试着掀开护甲，刺破它们柔软的身体。

金步甲不喜欢吃完好健全的蜗牛，我在一只两天没有进食的金步甲面前放了一只蜗牛，蜗牛始终缩在自己的壳里不出来，把自己整个"房子"埋在沙土里，房门向上打开。金步甲过一会就来看一眼，但没有采取行动，只是咂巴两下嘴，然后快快地走开。当蜗牛被敌人攻击时，哪怕只是轻轻咬一下，它胸腔里的空气就会被挤压成泡沫，敌人一喝到泡沫就会立马停止动作，不再进攻。这种泡沫可是蜗牛的武器。

因为泡沫的关系，金步甲拿蜗牛没有办法，于是我帮金步甲把蜗牛的外壳去掉一块，露出大约指甲盖大小的空隙，接着又掀了它肺部下的硬壳，金步甲知道后立马围住了蜗牛，向它发起了猛烈的攻击。

蜗牛躲在自己的硬壳里，硬壳的开口向上，金步甲时不时来探视一下，寻找合适的下手机会。

　　残缺的蜗牛被五六只金步甲团团围住，它们从蜗牛的缺口处下手，那里裸露着不带泡沫的鲜肉。金步甲一拥而上，一个下午的时间，就把蜗牛瓜分干净了，只留下一个底朝天的空壳。

　　次日，我又找来一只完好的蜗牛，把它半埋在沙地里，房门朝上打开，用冷水淋在它身上，受到冷水刺激的蜗牛从房子里探出头来，活像一只乌龟。尽管眼前就是残忍的屠夫金步甲，但蜗牛却显得非常从容。金步甲会扑向蜗牛将其残忍杀害吗？结果是并没有。虽然蜗牛的身子半裸在外，但金步甲根本没注意到它。可是，如果有金步甲对其发起进攻，蜗牛立马就会躲进房间里，同时制造出泡沫，金步甲对此就无能为力了。蜗牛从中午就一直缩在房子里，一直到晚上也没出来，所以，即便它周围围着 25 个刽子手，也没有受到伤害。

　　由此可见，金步甲不会主动进攻完好无缺的蜗牛，它看中的是蜗牛残缺的硬壳。金步甲不仅是肉食加工机器，还是个残忍的刽子手。

金步甲的残忍婚礼

　　金步甲一直是个凶残的屠夫，肆意杀害别的昆虫，唯有癞蛤蟆是它们的天敌，癞蛤蟆可以一口将一只金步甲吞进肚子。金步甲还有一个特殊癖好——杀害自己的同类！金步甲在菜园子里就像个警察似的，到处巡逻，防止害虫入侵。某天，我在家门前的梧桐树下看到一只金步甲，它脚步匆忙，似乎在赶路，我准备把它捉住放进玻璃罩里。

　　这只金步甲的鞘翅似乎受了伤，怎么会发生这种事？经过一番仔细观察后，我发现除了鞘翅外其他没什么大碍，于是就把它放进了玻璃罩里，与另外 25 只金步甲为伴。次日，当我去探望这个新房客时，它已经失去了生命。在昨天深夜里，同居的伙伴围攻了它，因为鞘翅不完整，失去了盔甲保护，那些残忍的同类将它的五脏六腑都掏得一干二净。金步甲把犯

虽然金步甲能够捕食一些昆虫，但遇到癞蛤蟆的时候，往往会被吞到肚子里。

罪现场处理得非常隐秘，毫无作案痕迹，那死去的同伴的手脚、前胸和头都保留得非常完整，只有肚子上有一条口子，它们就是从这条口子里掏出同伴的五脏六腑，只留下一个由一对鞘翅形成的空空的躯壳。

我惊呆了！我在玻璃罩里放了很多食物，并且品种不一，它们怎么会饿得吃掉自己的同类呢？蚕食受伤的同类，绝不会是因为饥饿！

难道在金步甲家族里杀害受伤的同伴，并掏空它的内脏是一种习俗？在它们的世界里，不存在怜悯和救助，特别是食肉昆虫，绝不会停下来去帮助自己受伤的同伴，假使你看到一只金步甲受伤了，而另一只金步甲快步赶到它身边去，你别指望它是去安慰伤者，相反，它是为了去吃掉它。想要伤者不那么痛苦，最好的方法就是吃掉它，这就是它们的思维方式。

那假如进来一只完好健康的金步甲房客呢，它们又会怎么相处？一开始它们相处融洽，一起分享食物，并没有发生什么争斗，时不时也会彼此争抢食物，但都没什么大问题，中午的时候，它们在木板下面休息，也

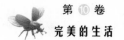

中午的时候，金步甲会将半个身子埋在凉爽的土层里，安静地打盹儿。

都和睦相处。所有金步甲都把自己的一半身子藏在土里，安静地睡觉，每只金步甲都有一个自己的房间，也就是一个浅浅的土坑，因为沙土里比较凉爽，它们相互之间隔得很近。我轻轻掀开上面的木板，这些金步甲立即惊醒过来，四面八方地逃跑，即使在慌乱中一不小心撞到或者踩到了别的同类，也不会因此发生争斗。

玻璃罩里的金步甲们相处得十分和谐，很快到了六月份，气温逐渐上升，某天，我突然看到有一只金步甲死了。这只金步甲尸体完好，身体收缩得如同一只被掏空了内脏的牡蛎壳，这个状况简直与之前受伤的金步甲死去时一模一样！经过仔细观察，我发现这只金步甲的肚子上也有一条口子，而其他部位则与生前无异。

几天之后，我又在玻璃罩里发现了一只金步甲尸体，这次的情景与之前又是一样的，只留下一具空壳，内脏被掏得一干二净，但是鞘翅并没有一点损伤。没过多久，又一只金步甲死了，这样的事情不断发生着，幸存者越来越少，我真怕哪天玻璃罩里再看不见一只金步甲。

它们是在瓜分老死的金步甲尸体吗？难道它们只在夜里进行残忍的屠杀？某个白天，我终于亲眼目睹了两场杀害行为。

六月中旬的某天，我看到一只雌金步甲正在欺负一只雄金步甲，在金步甲家族里，雄性比雌性更瘦小。战斗一开始，雌性就首先掀开对方的鞘翅顶角，从后面死劲咬住雄性的腹部，拿大颚撕咬对方的身体。雄金步甲却只是一味退让，不反抗也不自卫，只是用力朝相反的方向跑，在拉扯中时进时退。战斗大概持续了一刻钟的时间，旁边站着一圈金步甲围观，终于，雄金步甲卯足了劲逃跑了，不然的话，它将成为雌金步甲的腹中餐。

几天之后，我又看到了同样的战斗，又一只雄金步甲被雌性攻击，它没有作出任何反抗，最终没有挣脱雌性的魔爪。雌金步甲撕开雄金步甲的肚皮，从伤口处将雄金步甲的内脏完全掏空，然后吃了下去，一只肥胖

金步甲之间也会互相残杀，一只雌金步甲正在踩躏一只雄金步甲，它在背后将对方的腹部末端牢牢地咬住了。

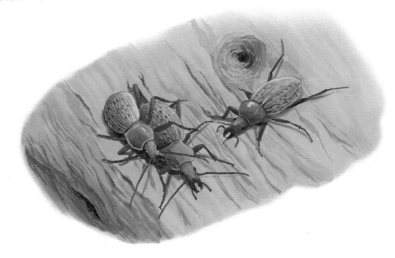

的雄金步甲转眼就成了一具空壳。可怜的受害者抖了抖腿，生命就此终结，整个过程中，雌金步甲没有一点反应，依然吃得津津有味。雄金步甲的鞘翅和头部依然合拢在一起，却只是一具空壳尸体了。

雌性金步甲就这样将雄性残忍地杀害了，我常常在玻璃罩里看到它们的尸体，迟早有一天，所有雄性都会死去。六月份的时候，玻璃罩里一共有 25 只金步甲，到八月份初只剩下 5 只金步甲，且全为雌性。

同为金步甲，彼此之间相互打斗完全可以反抗，但它们只是一味躲让，并不奋起反击，任由雌性咬住致命的腹部，这究竟是为什么呢？

我突然想到朗格多克蝎子，雄朗格多克蝎子也是这样宽容。婚礼之后，雌蝎子会吃掉自己的丈夫，但雄蝎子也不会进行防卫或者反击，哪怕它们有着致命的武器毒针。这样的昆虫还有螳螂，哪怕知道会被自己的新娘吃掉，还是坚持与对方结婚。原来，这便是昆虫界某些物种的奇特婚俗，它们中的雄性是没有反抗意识的。

玻璃罩里的所有雄金步甲全部死了，而且都是被开膛破肚吃掉内脏的，最后只剩下一具空壳。它们用生命向我们诠释了这种奇特的婚俗，交配之后，雄性心甘情愿被雌性吃掉，毫无怨言。从四月份到八月份，几乎每天都会有几对金步甲走入婚姻殿堂。

金步甲相信一见钟情的爱情，不会花很长时间去恋爱。如果一只雄金步甲走在路上看到一只雌金步甲，心生爱慕，就会直接扑过去将对方抱住，如果雌性也有好感，就会微微抬起头来，接着雄性就爬到雌性身上，用触角抚摸对方的脖子，很快就完成了交配，然后双方分开去找寻食物。这次婚姻并不影响它们的生活，彼此都还会去寻找别的伴侣，在它们看来，婚姻不是占有对方，喜新厌旧是它们的本质。金步甲的生活非常简单规律，吃饱喝足之后进行交配，交配之后又吃，如此循环。我养的金步甲里，雄雌并不对等，但它们并没有因为交配的事而大打出手。

我饲养的金步甲性别比例不协调完全是一个意外，自然界中的雌雄比例是完全不同的。金步甲平时生活在田野里，喜欢独居，很难看到几只

第三章
温柔的屠夫——金步甲

生活在田野里的金步甲习惯独居，两三只生活在一起的情况就很少见。

金步甲生活在一起的情况。我虽然养了这么多金步甲，不过还好它们居住在一起并没有发生矛盾。

金步甲们每天的生活就是吃吃喝喝，然后交配、午休，没有因为被囚禁而变得烦躁。唯一不一样的是，在玻璃罩里，它们遇见同类的几率要高出很多。难道就是因为这样，在玻璃罩里雄性没有什么利用价值，所以雌性才会残忍地杀害雄性？但这样的习俗长久以来都有，并不是短时间内形成的。

金步甲的爱情真是太残忍了！在交配之后，雌性竟然杀了自己的丈夫，还把它吞进自己的肚子里，多么残忍的相爱方式啊！难道它就丝毫不怀恋对方的温存吗？

到八月份的时候，我养的金步甲只有五只了，并且都是雌性，它们毫无牵挂地继续生活在玻璃罩里。奇怪的是，自从吃掉雄金步甲后，这些雌性金步甲的行为也发生了改变。它们的食欲越来越差，对我提供的美食不再感兴趣，我把蜗牛剖开一块壳给它们，它们也没什么兴致，曾经那可是它们最爱的美食啊。我又找来它们最喜欢的螳螂幼虫，同样也没能引起它们的兴趣。它们现在最常做的事，就是在木板下打瞌睡，不再外出活动。

难道它们是怀孕了吗？我感到非常惊讶，天天都去探望它们，希望看到新生命的出现，但同时我又非常担心，雌金步甲那么马虎残忍，怎么能保护好自己的孩子。

到了十月份，气温渐渐变凉，我依然没发现任何新生命，相反，还有几只金步甲去世了，只剩下一只金步甲还活着。存活下来的金步甲继续生活着，并没有因同伴的去世而感到难过，但它并没有吃掉这几只雌性金步甲的尸体。由此可见，它们对雄性金步甲更为残忍，还会为它们举行送葬仪式。不久之后，这只金步甲开始蜷缩成一团，将身子藏在泥土里，到十一月初的时候，就尽可能地钻到泥土深处去了。冬季下过一场雪之后，金步甲开始在洞里冬眠。尽管周围全是同伴的尸体，但它依然安之若素地继续生活，要是顺利渡过整个冬天，来年春天之后，它就会开始产卵。

天气转凉，寒冷的冬天即将来临的时候，金步甲会将身子尽量往洞穴深处钻。

第四章

偏爱羊粪的食客

——嗡蜣螂

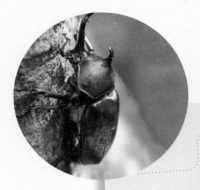

昆虫档案

昆虫名：嗡蜣螂

昵　　称：食粪虫

身世背景：鞘翅目金龟科昆虫，体型短小，呈椭圆形，背部厚实而隆起，体色为深棕色或者黑色，分布在我国的北京等地

生活习性：喜欢吃粪便，会将粪便制作成粪饼，储存在自己的洞穴中；每年的五月中下旬开始产卵，卵孵化很快，7 天左右就能蜕变为幼虫

喜　　好：爱好羊粪，制作的梨形粪便十分精巧，堪称杰作

武　　器：前足

公牛嗡蜣螂的首领

除了之前提到的蒂菲粪金龟，还有一种小昆虫——公牛嗡蜣螂对牛粪亦是情有独钟。

公牛嗡蜣螂、母牛嗡蜣螂、叉角嗡蜣螂、斯氏嗡蜣螂、颈角嗡蜣螂、鬼嗡蜣螂等构成了整个牛嗡蜣螂王国。其中，公牛嗡蜣螂身为牛嗡蜣螂的首领，有着十分华丽的外表，特别是它的雄性装饰，突显着尊贵的身份。它终其一生都在主导着整个牛嗡蜣螂王国。

五月，正值牛嗡蜣螂繁衍强盛，我捕捉了各种嗡蜣螂，包括公牛嗡蜣螂，它们正在牛粪下匆促地忙碌着。这些牛粪呈饼状或者块状，面积较大，较为松软，牛嗡蜣螂视之为佳肴，而散落的一颗颗的橄榄形粪球则显得既小又硬。

嗡蜣螂喜欢在坚硬的土壤中筑巢，另外，它还是十足的牛粪爱好者。

在研究的过程中，我拿了一些螺口白铁皮盖、约 1 升容积的玻璃瓶，装了一半的沙子在里面，再放上一些牛粪，做成公牛嗡蜣螂的世外桃源，最后将公牛嗡蜣螂一公一母成对放进去。公牛嗡蜣螂的数量太多，我只得将玻璃盖在旧花盆上，做成一个简易的小旅馆来安置它们。我给它们提供合适的温度、光线，还有充足的食物，它们对此也算适应。

五月末正是公牛嗡蜣螂交配繁衍之时，一旦见到喜欢的异性，它们就会调情求欢，心意相通便结成爱侣。公牛嗡蜣螂夫妇也会搭建居所吗？是否会一起搭建？它们也像蒂菲粪金龟那样爱情至上呢？

我将一对牛嗡蜣螂夫妇移出来，单独放在一个备有美味食物和新鲜沙子的宽口瓶里。一切顺利，两只公牛嗡蜣螂抱在一起交配了 15 分钟，然后分开了。随后，它们形同陌路，在短暂的休憩后，自顾自地挖了洞，钻了进去。

一周后，雄公牛嗡蜣螂率先钻出洞，显得异常焦躁，拼命想从瓶子里出来。这也意味着这对公牛嗡蜣螂感情的破裂。随后，雌公牛嗡蜣螂也钻出了洞，找来一大块食物，费力地塞进洞里，为它的孩子们搭建居所。而它曾经的伴侣对此非常冷漠。对于公牛嗡蜣螂而言，没有永恒的爱情，也没有爱情至上的伴侣。

公牛嗡蜣螂的体型很小，但这不是它的缺点。公牛嗡蜣螂的亲戚建筑的巢穴多为造型优美的卵形或梨形，它的巢也应该不会很丑。事实并非如此，比起它的亲戚，公牛嗡蜣螂的巢穴着实丑得惨不忍睹。

公牛嗡蜣螂的巢穴各具形状，无一相同，还有些不规则，不过一眼就能看出是个巢穴。这些建筑粗糙的小巢穴有着圆形的开口，垂直向下是个半球形的底，着实像个牛皮袋。

比起松软的土壤，公牛嗡蜣螂更愿意将巢建筑在坚实之处，譬如将巢穴紧贴瓶壁，而瓶底更是它们的最爱。在立着的瓶子里，贴着玻璃的那面平坦光滑，其余地方都被筑起的巢穴凸显得有些向外突出。

公牛嗡蜣螂的巢穴为什么被建筑得如此简陋，我们可以先了解一下

公牛嗡蜣螂一点也不喜欢松软的土壤，它正在寻找坚硬的地方准备筑巢。

它们的建筑方式。快要产卵的公牛嗡蜣螂会在土里挖个不深不浅的洞，内部呈圆柱形。这个过程中，公牛嗡蜣螂极尽所能，用头、用背、用带齿耙子似的前足，将松软的土堆成一定宽度，再夯实。再将砂浆抹在巢穴不甚坚固的地方，就能避免巢穴坍陷的危险。那它们是如何制作这种粪浆的呢？公牛嗡蜣螂爬出洞，将放在洞口的粪饼切下一块推进洞里，再碾平粪饼抹在巢穴四壁，这就算刷好了一层粪浆。再刷几层粪浆后，巢穴四壁就像抹上水泥一样，降低了坍陷的危险。巢穴筑好后，再把隔间修饰一下，就可以搬进去住了。公牛嗡蜣螂在孵化室——巢穴最深处的墙里产卵。之后，它就要为幼虫精心准备食物了。

公牛嗡蜣螂会选择一个美味的粪饼开个洞钻进去，在粪饼中心收集食物。因为这里空气进不来，所以中心部分的牛粪仍新鲜、松软又美味。公牛嗡蜣螂迅速将牛粪一点点搬回巢穴，搓成小块，放进贮藏室。堆满之后，公牛嗡蜣螂就把贮藏室用混合着沙和粪的砂浆封起来。

因为要研究巢穴的构造，我不得不将巢穴打开，发现位于巢穴深处的孵化室面积不小，呈椭圆形；孵化室的四壁、底部都粘有卵。公牛嗡蜣

螂的卵白白的，两头圆，像个小小的小圆柱体；末端粘在墙上，悬着的卵是刚被产下的，大概 1 毫米长。

为什么给如此小的卵建筑这么大的孵化室呢？孵化室的四壁还被抹上了一层泛着绿光的糊状物——与公牛嗡蜣螂建筑巢穴的粪浆完全不一样。

而这种发亮的液体，可能是天然形成的，也有可能是雌公牛嗡蜣螂分泌的独特的保护液。

参照公牛嗡蜣螂的方式，我找来一个鸡蛋大小的容器，在里面紧紧地塞紧牛粪，用一根非常光滑的玻璃棍在上面钻出个圆柱形的洞，再拿出玻璃棍，用粪饼将洞口封住，最后，为了防止干化，我在上面加了一层密封盖。

拿出玻璃棍的时候，洞的内壁是不透明的墨绿色，也没有渗出发亮的液体。3 天后再次观察，我发现洞里的牛粪发干，也没有液体渗出来。那孵化室里涂满的糊状物到底是什么呢？原来呀，那是公牛嗡蜣螂妈妈为公牛嗡蜣螂宝宝备好的奶乳。

公牛嗡蜣螂妈妈的肚子里备有营养丰富的奶乳，可帮助公牛嗡蜣螂宝宝消化食物。和人类不同，公牛嗡蜣螂妈妈不能给宝宝一一喂奶，也不能像鸽子一样嘴对嘴喂奶。它只得在孵化室的四壁涂满奶乳，让宝宝一张嘴就能轻松吃到奶乳。

真希望能亲眼观察到那个公牛嗡蜣螂妈妈将孵化室四壁涂满奶乳的情形。不过这是在一个狭小的空间里发生的隐秘事情，没有人能观察到，我的愿望也落了空。

一段时间后，相比刚产下时，卵的长度增加了 1 倍，体积也变成了原来的 8 倍，不过，这样迅速的生长在食粪昆虫中是很普通的。

卵的周围弥漫着食物的浓烈气味，是因为这些气体被吸收进卵内，致使卵膨胀起来的？那事实是这样的吗？

但同为食粪昆虫的蒂菲粪金龟的卵却被产在沙土覆盖的食物旁边，

而不是直接被产在食物中间，蒂菲粪金龟宝宝非得扒开沙层才能吃到食物，但它的生长速度依然是异常迅速的。

　　干燥的土壤里并不存在什么营养物质可以供昆虫宝宝迅速生长。那卵和新生宝宝究竟是因何快速生长的呢？我在朗格多克蝎子的身上找到了线索，当它蜕变为成虫时，并没有增加高能量的摄入，但它的长度会突然长成幼虫的2倍，体积达到原来的8倍。真是令人费解，这究竟是为什么？原来，格多克蝎子的体内能进行高级的排列组合，重新生成供幼虫生长的物质。

　　因此，公牛嗡蜣螂的孵化期虽不进食，但并不影响生长的速度。刚孵化的幼虫不断生长，在生物状态平衡的状况下成长。很多昆虫的成长，包括蝎子、蒂菲粪金龟的幼虫，一次次地向人们证实着这个道理。通常，这些刚从卵里钻出的幼虫的翅翼非常小，但不久后它就能挥舞起宽大的翅翼了。这种自身身体机能的排列组合，真是令人惊叹。

朗格多克蝎子和蒂菲粪金龟幼虫的成长都为研究公牛嗡蜣螂提供了很好的线索。

我曾在整个研究过程中有过两次错误的猜测：第一次是关于孵化室四壁上的糊状物是什么，第二次是关于产下的卵的体积为什么突然增大。但我并不会羞愧于我的错误猜想，通往真理的道路往往障碍繁多，犯错在所难免，这世界上唯一不会犯错的方法就是不动脑筋，不做事。

嗡蜣螂家族的蜕变

公牛嗡蜣螂在五月开始建筑巢穴。妈妈钻进粪饼中，取得筑巢材料和食物。但爸爸对此漠不关心，无牵无挂地自顾自生活。妈妈一人筑巢、产卵、为宝宝寻觅食物。

大约一周后，幼虫被孵出，它样子奇特，背着个大瘤在背上，就因为这瘤，幼虫路都走不稳，摇摇晃晃总会跌倒。

瘤影响着幼虫的重心，因此幼虫只得侧躺着吃食，当它吃完一处食物后，就挪个身体，继续侧躺着慢慢进食美食。

很快，幼虫就能吃光涂满孵化室的奶乳。

此时，这瘤开始发挥它的重大用处。幼虫宝宝们跌跌撞撞地爬到孵化室的一侧，蜕变也即将开始。它们的瘤里储存着大量的粪，它们将用这些粪便给自己建筑一个温馨的蛹室。

你瞧，它头尾相碰，蜷缩着身子，还关闭了消化道。它用大颚控制住喷射粪的尾部，合理掌控着喷粪量，再迅速将粪压成建筑蛹室的砖块。它甩一下脖子，就轻松地将砖块放在了合适的位置，并仔细小心地一层层将一个个砖块砌起，还用触角轻轻地敲击砖块以保证砖块砌的稳固。幼虫像个老练的泥瓦匠那般，手法娴熟，态度务实，蛹室的墙也越来越高。

粪用完后，墙上的粪块可能会掉落，幼虫再去用大颚咬住尾部取粪，此时它会从肠道分泌一种黏液，从尾部排出，而粪会被这种黏液稳固地粘住。幼虫背上长的瘤里贮藏的便是建筑蛹室的粪。

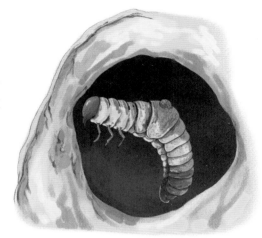

公牛嗡蜣螂幼虫的背上长着一个大瘤，靠舔食母亲留在洞穴墙壁上的食物为生。

不用多久，一间又好看又亮堂的椭圆形蛹室就完工了。小蛹室像个松果，一个个粪块组成了松果上的每个鳞片。

时间来到七月的第一周，已经吃空了蛹室的幼虫开始吞食墙壁。拆掉蛹室的墙壁，一颗蛹豁然在内。蛹表面干净，和墙壁毫无粘连。我咬着牙将墙壁砸烂，看到其中有颗水晶雕刻饰品般的半透明的蛹。这颗蛹属于雄性。

它的肩上向后鼓突着个很好看的角，形似牛角，呈透明色；角基窝深色的地方是眼睛，现阶段还不太能分别得出，不过终有一天是能看出来的。它额头平展，向上抬起，从正面看去，有些像公牛的头。

除了这些奇特的体征，公牛嗡蜣螂的蛹的腹部两侧各长着 4 根水晶一样的尖刺。细细算来，它的全身共武装了 11 件奇特的武器，包括长在前额的 2 个角，长在背部的 1 根长矛，各有腹部两侧各长着的 4 根尖刺。

蛹成熟后，它额头上透明的角会变成红棕色。事实上，这便是它的角真正形成，硬化以及着色的过程。不过，长在它背部和腹部的角还是透明的。

蛹开始羽化时，会挣开身上裹着的那件薄膜外套，那些角也会和薄膜一起变成碎片而脱落。这种脱掉身上附器的现象不仅发生在公牛嗡蜣螂的蛹的身上，所有的嗡蜣螂的蛹都会如此。例如鬼嗡蜣螂成虫的前胸处有四个排成半圆形的小圆点，旁边两个点孤零零的，而中间两个靠得很近的点是附器——蛹前胸的两根尖刺脱落留下的。不过，这些蛹全身的防身附器都毫无杀伤力。

有些食粪昆虫的蛹，譬如嗡蜣螂的蛹就没有角。我唯一做实验研究过的黄脚缨蜣螂也是如此，蛹的前胸处长着一根漂亮的角，腹部两侧各长有一排4根的尖刺，和嗡蜣螂家族的昆虫一样，它身上的这些刺在蜕变成成虫时就脱落了。

有一种大力神独角仙生长在炎热的安第斯地区，它把家安在腐树根上，体型很大，雄性的大力神独角仙的胸前都长着具有攻击性的长矛似的角，额头上长有齿状千斤顶般的角。或许这些工具的作用与蒂菲粪金龟的角类似，是用来帮助它们进行挖掘工作的。

母牛嗡蜣螂的蛹的额头上长有个向后弯的粗粗的角，而在它的前胸长着个向前弯的角，这两个角就像螃蟹钳一样相互靠得很近。那为什么它无法长出像安第斯的大力神独角仙那样独特的装饰物？这是因为母牛嗡蜣螂额头上的附器先成熟，致使前胸的附器因为缺血而萎缩了，最后在背上形成一根尖头的木桩，这根木桩同公牛嗡蜣螂的附器一样，最终也脱落了。对母牛嗡蜣螂来说，这大大降低了它的美貌程度，也让它对敌人的威胁程度大大降低了，即使在婚礼时也是如此。

公牛嗡蜣螂和母牛嗡蜣螂一样，缺乏坚硬的角，它们的同类昆虫也没有这样的角。譬如其他同类的嗡蜣螂在化蛹时，胸部的角和腹部的8根尖刺在昆虫挣脱薄膜的同时，会跟随那件外套一起脱落了，使这个优势荡然无存。

真是遗憾，难道在不久后，它们真的不能让那些既美丽又有无数用途的附器完善好？我用放大镜细细地观察嗡蜣螂的蛹，先是观察到了它长

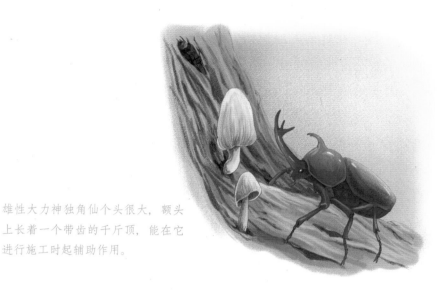

雄性大力神独角仙个头很大，额头上长着一个带齿的千斤顶，能在它进行施工时起辅助作用。

在额头上的角，之后又观察到了它长在前胸的长矛，现阶段它们的器官和腿已经渐渐成形了。

我在想，为什么那些附器不能转变成坚硬的角？是因为时间太短吗？蛹在不到 7 天时间内即会成熟，生长得十分迅速。那么，人工影响蛹的蜕变以延缓成熟时间，是否会使附器变得坚硬呢？

嗡蜣螂蜕变时所居住的洞穴并不是很深，因而温度会很大程度上影响到蜕变；普罗旺斯的四季温度变化很快，尤其是在五六月的春天，一旦刮起北风，气温就会骤然下降，冷得跟冬天一样。

除了受季节变化的影响，蛹的蜕变还受北方气候的影响，这主要和嗡蜣螂的生长范围很广有关。生长在北方的嗡蜣螂接受到阳光的时间远比生长在南方的嗡蜣螂的少。如果蛹羽化时气温骤降，它们就会忍住并延缓羽化。在这样的情况下，蛹会不会趁机将胸部的附器转变成坚硬的角？

器官的形成究竟会因为羽化延迟而产生怎样的影响呢？它身上的附

器会转变成坚硬的角吗？答案是不会。角会在阳光的照耀下萎缩，到头来结果还是一样。在之前的昆虫研究成果中，从没有提及过前胸有角的嗡蜣螂，如果我不说明蛹的身上长有这样奇特的角，应该没人能猜想到嗡蜣螂的蛹长着这种防卫武器，由此可见，它的蜕变并不受到气候和温度的影响。

这有可能是嗡蜣螂这个种类的昆虫的起源或延伸，也可能是食粪昆虫开始改变自己的奇特体征，毕竟无论是雌嗡蜣螂还是雄嗡蜣螂，都不希望自己的背上插着一根尖头桩。

那么，这些有模有样要长出来，最后又萎缩脱落的角，它究竟有什么意义呢？至今我也没得到一个合理的答案。对此，我感到万分惭愧。

第五章

素食主义者

——象虫

昆虫档案

昆虫名：象虫

绰　号：小球象

身世背景：鞘翅目象虫科昆虫，喜食蒴果，种类繁多，有球象、毛蕊花象、色斑菊花象、鸢尾象、茶籽象、长角卷叶象等

生活习性：各种象虫都有自己喜欢的植物，鸢尾象虫会在鸢尾上产卵，毛蕊花球象只在毛蕊花序上产卵，而且它们都以这些花的蒴果为食

绝　技：会分泌黏液，这种黏液可以让它们稳稳当当地站在随风摇动的树叶上

武　器：肛门

挑食的鸢尾象虫

一般情况下，素食昆虫都会时刻守护在它养殖的植物旁，就如同鸢尾象离不开沼泽地，雨前叫个不停的绿蛙、雨蛙离不开倒映在溪水里的绿叶一样。

我们越靠越近，越靠越近，激动人心的时刻就要发生了。六月的蒴果就要被热气蒸熟了，上面趴着成群的鸢尾象，它们穿着红棕色的外衣，拖着矮矮胖胖的身子，一会儿抱在一起，一会儿又散开，忙得不亦乐乎，不知是不是在亲热、交尾？

以前，人们称鸢尾象为"假菖蒲鸢尾象"，意为"盲人草上唯一的指甲"。

菖蒲是一种对于失明或眼疾患者卓有成效的植物。古时候，医生就是用这种植物医治患上特定眼疾的患者。鸢尾和菖蒲外表相似，因而被称为假菖蒲。

象虫都有自己喜欢的植物，它们可以分泌黏液，使自己能够稳当地站在随风飘动的植物叶子上。

"唯一的指甲"又是何意？细细观察鸢尾象，可以看到它有 6 只跗节。通常情况下，昆虫的 6 个跗节上会有两个爪，可鸢尾象只有一个，由此有了"唯一的指甲"之称。华丽的修饰有时反而让人摸不清头脑，要是这个小东西被称为沼泽鸢尾象，或许会让人更好理解，至少人们听到这个词语时，会明白这是种昆虫。

六月的一个上午，艳阳高照，我采摘了些沼泽鸢尾的茎，这些茎上结着蒴果，成熟的蒴果颜色鲜艳，令人垂涎欲滴，十分眼馋。鸢尾的养殖者——象虫就趴在上面，清晰可见。象虫待在一个钟形罩里，各自占据着一个有利的位置，有的结伴成群待在一起，有的孤傲地在一旁自顾自地玩着。在这美好的天气里，小象虫们将尖喙戳进嫩绿的果皮下，毫不留情地吸食着果实，津津有味地享受着这一美味。酒足饭饱后，它才会将尖喙慢慢拔出，被戳穿的洞眼里会渗出一种黏液，很快就将洞眼凝结，蒴果上一旦被戳过就会留有这样的痕迹。

蒴果又新鲜又美味，又吸引来一批象虫，成为它们的口中美食。它们体型虽小，但面对食物却很是贪婪。它们一层一层地剥开蒴果，将种子露出来，随后围在一起疯狂地吃了起来，一会儿就把大片的蒴果吃完了。不过这些象虫不舍得吃掉种子，而把它留给宝宝做食物。还有些象虫并没有吃蒴果，只是围作一团，相互亲热调情，之后开始了火热的交配。

交尾后，这些小东西是怎么产卵的呢？我想它们的产卵方式应该和其他象虫一样，在蒴果处用尖喙戳开一个深洞，再将产卵管插进去，从而产下卵。我曾经在一颗饱满且开始变硬的种子里见过一些幼虫，看样子，它们应该是刚孵化出来的。

七月底，天气越来越热了，我突发奇想，从溪边摘了几颗蒴果回来，又急忙剖开了蒴果，想看看里面有什么。我在大部分的蒴果里找到了象虫的幼虫、蛹和成虫。蒴果里分为 3 个果室，每个果室里又各有 15 粒种子，一粒粒紧挨着，呈扁平状排列，每条幼虫平均占有 3 粒种子。它们吃光了

蒴果上的洞眼一部分是象虫进餐时打洞留下的，另一部分是用来产卵用的。

能吃的种子，只有个别外壳太硬的得以幸免。如此，种子的两端受损比较轻，因而相邻的 3 颗种子呈一个中间圆环状，两端小酒杯状的三居室。假设每只幼虫平均占有 3 粒种子，果室里的 15 粒种子最多可供 5 只幼虫拥有独立的房间和充裕的食物，因而它们不会相互争斗。不过，蒴果的每个果室外都平均分布着大约 20 个洞眼，且洞眼都有个被象虫喙戳过的棕色胶质小瘤，有多少个痕迹，就代表蒴果被戳过多少次。

其中一部分洞眼是象虫吃东西时留下的，毕竟这些蒴果就是它们的食物；另一部分是象虫用来产卵的。它将卵一粒粒产进这些洞眼里，而蒴果内哪儿是吃东西的地儿，哪儿是孵化室，是分辨不清的。因此要想知道蒴果里究竟有多少卵，单凭蒴果上洞眼的数目是判断不出来的。假设用餐和放卵的洞眼各有一半，那么 20 个洞眼里，10 个是产卵留下的，也就说明，有 10 只幼虫住在洞里，但是每个蒴果最多能供 5 只幼虫过活，那另 5 只幼虫究竟是如何活下来的？

鸢尾象远比不上蒂菲粪金龟，还没产卵时，蒂菲粪金龟就为宝宝备好了充裕的食物香肠。而鸢尾象只顾生孩子，也不顾虑食物是否充足，是否可供幼虫过活。

蒴果不能给鸢尾象的幼虫提供足够的空间和食物，因此，果实中只有少数几只幼虫能够存活。其余的幼虫是如何死的呢？是自己饿死的，还是死于同类的自相残杀？事实上，鸢尾象幼虫的性格十分温和，并不会因为争夺食物而相互残杀。它们和豌豆象幼虫一样，如果看到有人占着进食位置，情愿自己饿死，也不会去抢。先产下的鸢尾象幼虫占据着充裕的食物，因而它们的存活率更高，而后产下的幼虫往往更容易饿死。

时值九月，鸢尾象的成虫开始出现在蒴果的外面，舒展筋骨的舒展筋骨，抖擞精神的抖擞精神。鸢尾象幼虫是无法自己从又坚硬又厚实的蒴果壳里爬出来的，只能借助成虫钻过的圆洞爬出来。九月，已到成熟期的蒴果裂成了三瓣，壳也变成了栗色，鸢尾象的小屋成了危楼。鸢尾象们只得以最快的速度从成虫钻过的圆洞撤离即将坍塌的小屋，并在附近寻找可以过冬的隐蔽处所。等来年开春，黄色的鸢尾再次结满果实时，鸢尾象交尾繁衍的时机会再次来到。

还有另3种植物——矮鸢尾、岩蔷薇和迷迭香常生长在鸢尾象最爱的鸢尾周围。它们颜色丰富，有黄色的，紫色的，还有白色的。矮鸢尾体型矮小，只有手掌般大，不过它的花长得和蔷薇、迷迭香的一样大。

鸢尾繁密地生长在水分充沛、土壤潮湿的山坡上，远远望去，就像在山坡上铺了一层又厚又漂亮的地毯。鸢尾可分为几类，一种为杂鸢尾，叶子细长，开出的花非常漂亮独特；一种为火腿鸢尾，生长在小溪旁，叶子干皱，看起来有些邋遢，令人惊奇的是，它散发出的气味极似大蒜炒火腿的味道；而它的种子是橘黄色的，看上去也颇为奇特。

象虫便以这些鸢尾为食。除此之外，当地还有四个品种的鸢尾，每种鸢尾都非常肥硕，且种子都非常饱满。它们同时期开花，给象虫提供了充裕的食物。但象虫却对沼泽鸢尾情有独钟，在其他种类的鸢尾蒴果上我

莺尾生长在土壤湿润的地方，而且有很多种，其中一种叶子细长的叫杂莺尾，开着漂亮且独特的花。

从未找到过象虫幼虫。那么，象虫为何独爱沼泽莺尾，而无视其他莺尾蒴果呢？这可能和成虫和幼虫的口味偏好有关。莺尾象成虫偏好多肉的蒴果果壳，而幼虫更喜欢鲜嫩多汁的蒴果种子。难道其他种类的莺尾蒴果就不符合这些贪婪的小东西的偏好吗？

我在放有莺尾象的钟形罩里，混杂放入了沼泽莺尾、火腿莺尾、矮莺尾和杂莺尾的蒴果。同时，我还多加了白莺尾、剑形莺尾这两种外来莺尾的蒴果。和普通的根茎莺尾不同的是，它们是鳞茎。

我发现，象虫们对其他莺尾蒴果的喜爱，完全不亚于沼泽莺尾蒴果，它们兴奋地在蒴果壳上戳开很多个洞，再剥开了外壳。我采摘的都是在临近溪边地方的蒴果，这些象虫根本没有分辨出它们的区别。虽然象虫具有十分灵敏的味觉，但旺盛的食欲驱使它们贪婪地吞食着每个果子。看上去，它们对每一种莺尾的蒴果都很喜欢，并没有对某种蒴果表现出特别不喜欢的样子。是因为它们的卵适宜产在莺尾这种奇特的植物上吗？

除了鸢尾，它们会不会喜欢其他蒴果呢？我又做了个实验——放进三角形的菖兰果和圆形的阿福花蒴果。但对它们，象虫们并没有表现出旺盛的食欲，只是将喙戳进黄色的阿福花和绿色的球形蒴果里，浅尝了一点味道就抽了回来。由此可知，象虫并不是十分喜爱这两种蒴果。

象虫幼虫钟情于沼泽鸢尾蒴果种子里汁液的味道，因而只会在沼泽鸢尾上产卵。所以，即便其他鸢尾长得多么漂亮，多么肥硕，鸢尾象也不会在上面产卵。即使其他蒴果有丰富的营养，鸢尾象成虫也不愿自己的宝宝吃它们不喜欢的食物。

不贪图富贵的球象

很多昆虫看似默默无闻，却往往有着惊人的举动，譬如一种比胡椒粒还小，学名为塔普修斯球象的象虫。它为什么叫这个名字呢？原来呀，它生长在塔普修斯毛蕊花里。它的腿短短的，身子圆乎乎的，像个小球。它身穿一件典雅的烟灰色网眼罩衫，上面点缀着点点黑色，背上和鞘翅底端各有一条宽宽的黑绒饰带。它的喙向胸前弯着，又长又粗壮。这些可都是它最主要的特征。

我从五月起开始在家门口种植毛蕊花，以便更好地观察球象的活动，更深入地研究它的幼虫。小球象们似乎对这个全新的生活环境很满意，在树桠上安了家。它们在灿烂的阳光下玩耍。在择好伴侣后，一只象虫压在另一只的身上，两侧突然开始摇晃，并且剧烈震动起来。中途它们会稍作歇息，然后接着震动，震动一会儿又再歇息片刻，这样不断重复着。而那些单身的球象则将喙戳进花蕾中，享受着美味的午餐。在细树桠上还有些球象在啄小洞，糖液从一个个褐色的小洞渗出来，很快就被闻着味道而来的蚂蚁吃得干干净净。

它们究竟在哪里产卵呢？对此我十分好奇。

塔普修斯球象生长在毛蕊花
中，它的腿很短，身体圆滚
滚的，像个小球。

　　时至七月，不少娇嫩的绿色蒴果下都出现了一个棕色的小点，这些棕色的痕迹很可能就是球象产过卵的证据。然而大部分被喙戳过的蒴果里都空空如也，应该是不久前孵化出的幼虫已钻出了空壳，而门洞大开，它们可以毫无障碍地进进出出。幼虫们很小就独自跑到蒴果外开始生存，这和其他象虫科的昆虫不同，那些幼虫胖乎乎的，又没有脚，还嗜睡，不喜欢挪窝，在哪里出生就在哪里成长。

　　之后我又观察到，在那些被象虫戳过洞的蒴果里，有着五六粒甚至更多粒橘黄色的卵。毛蕊花的成熟蒴果大约只有半颗麦粒的大小，而只有那些鲜嫩的蒴果里才会产有卵。我想，如此小的蒴果供一条幼虫维持生活都很难，象虫母亲的确不应该在这里产下如此多的卵。很快，也就一天之内吧，幼虫居然就从橘黄色的卵中孵化了出来，并钻出了蒴果。它们钻出那个敞开的洞门，迅速分散在蒴果上，去除掉蒴果上的绒毛，就开始享受美味的食物了。

象虫的幼虫全身上下都粘着一层透明的、具有很强黏性的液体，使得它能牢牢站在树上，不会被一般的晃动晃掉下去。

这些幼虫都没有脚，全身光滑，呈淡黄色，脑袋是黑色的，胸廓的第一节上长着两个黑点。它们浑身裹满了黏液，我曾用镊子夹取它们，结果它们粘在镊子上，甩都甩不掉。幼虫一旦觉察到危险，就会从肛门处分泌出一种黏液，这便是它们全身裹着的黏液的由来。

幼虫们在枝桠上缓慢前行，枝桠上的叶子就是它们的果腹之物。一旦找到适宜的休憩之所，它们就会静静地待在那儿，身体呈弓状弯曲，用黏液稳稳地粘在植物上。爬行时，它们身体后部的粘附力使得身体能一伸一缩向前行进。没有腿的幼虫仅仅凭借具有黏性的黏液就能稳稳地固定在枝桠上，晃也晃不掉。

幼虫的背部、腹部，总之浑身都裹着黏液，这些透明的黏液黏性很强，让幼虫看上去黏糊糊的。只要轻轻点一下幼虫，就会有大量黏液分泌，即便是在夏天炙热的阳光下，这些黏液也不会干。

那么，黏液是如何被涂满全身的呢？没有腿的幼虫，在后部的作用下爬行，除此之外，幼虫身上还有许多节，其中背部和腹部有一圈圈微微凸起的环节，保障了爬行时的灵活性。当它爬行时，弯曲的前部用于探路，使它看上去就像波浪一般，有序地此起彼伏，往前行进着。海浪从后部发起，渐渐向前涌动至头部，从尾至头，一浪一步，周而复始。随着海浪的涌动，作为支撑点的肠端上的小孔就会从本来的位置渐渐向前挪动，如此一来，黏液就会有次序地被涂遍它的整个身子。

幼虫身上的黏液很均匀，并且保持着一定的厚度。同时，黏液以飞快的速度被涂抹在整个身体上。我曾在水里刷洗过一条幼虫，一直到将它的黏液洗干净，再用棉纸将它身上的水分吸尽，此时用秸秆轻点幼虫，而幼虫并没有粘住秸秆，看来，幼虫身上的黏液已经完全没有了。

黏液怎么才会重新被抹遍全身呢？我不停地让幼虫爬行，短短几分钟黏液就分泌出来，重新涂遍了幼虫的整个身体，轻点幼虫的秸秆因此粘在了幼虫身上。

我还有个疑问，幼虫是如何建筑用于蜕变的蛹的？我在两支玻璃管中分别放了一枝毛蕊花和一只幼虫。我在放大镜下日夜不停地观察，结果看见了一个奇怪的现象。幼虫一天的行为记录如下：

6:00：幼虫在玻璃管里爬来爬去，对放入的毛蕊花枝桠漠不关心，它在爬行时不断分泌黏液，这使它十分舒适。

10:00：它弯曲着身体粘在玻璃上，看上去像一粒小麦粒。在略圆的两头中，露出一颗黑点的一头便是它的头部。它全身仍呈现浑浊的黄色，没有变化。

13:00：幼虫所排的粪便先是呈现半流质，后是些很细的黑色颗粒。排便后，全身变为淡黄色，并开始将腹部全部贴着地面。

15:00：幼虫的身体开始发热，引起背部的血管舒张，收缩速度较之前加快，背部像沸腾的水面一般微微涌动，致使幼虫紧绷起身体，这是背部开始裂开的前兆吗？

17:00：幼虫不再安静地一动不动，它显得十分焦躁，开始剧烈地运动。这是要发生什么不寻常的事情吗？

必须满足几个必要的条件，幼虫才能活动自如，其中首先要具备的是，幼虫全身的黏液必须保持湿润。一旦黏液变干，幼虫就不能正常爬行。而现在肛门分泌的黏液变干，变成了一层薄膜，全身的黏液凝固成壳。

这是氧化造成的吗？如果是，那先前幼虫全身裹着的黏液一直裸露在空气中，应该早已氧化。如此，黏液的凝固应是迅速发生在幼虫蜕变的最后阶段。这说明幼虫会分泌硬化剂？我接着记录幼虫的变化：

19：00：幼虫俯卧着，恢复安静状态。这意味着蜕变前所有的准备都已完成？

20：00：一条白色的花边出现在幼虫的头部、与玻璃接触的胸部以及其他的身体部位，看上去整个身子像盖着一层棉花。花边有些形似马蹄铁，中间的棉花状物质还有些模糊，但在不断增加。花边的底部是由同种白色物质构成的，呈现纤细光束状向四周辐射。这样的白色物质只出现在幼虫的头部周围，而其他部位没有。

22：00：幼虫的长度缩短了。它将固定在白棉花状物上的头向内聚拢，将腰弯曲，背拱起，蜷缩成球状。蛹尚未成型，仍在建筑中。硬化剂已然

在象虫幼虫蜕变的最后过程中，从它的肛门流出的流质物变成了一层薄膜，液体成了固体，黏液形成了球壳。

生效，将黏液层干化，形成一层皮，目前这层皮仍有韧性，如若幼虫背部用力，会将皮拉撑开。

第二日，当太阳升起，第一缕阳光洒向大地时，我惊奇地观察到，幼虫已然建好一个外形美观的椭圆形小泡，小东西全身没有一处和保护层粘连。幼虫花了20个小时建筑这个小泡，之后它在小泡中增加了内层，使蛹更为坚固。透明的墙层让人可以窥视到它所有的行为举动。

我观察到，幼虫的头部上上下下、左左右右不停地移动，时不时用上颚从肛门处取点儿黏液。它将黏液放在一处，再耐心地抹平，慢慢地在小泡的内部涂抹上一层。我担心隔着墙层观察不清，就在小泡上戳了个洞，将视线直接触及小泡内部的一部分。幼虫并没有受到影响，一如既往继续做事儿。原来呀，幼虫的尾部便是贮存混凝土加固剂的地方，而存放泥浆抹子的地方则位于肠腔末端。幼虫用一整天的时间给小泡增加了一个内层，耗时也不算太长。次日，幼虫竟已蜕了皮，变成了蛹。

象虫科的球象有些特殊的习性。雌球象会在蜷曲的毛蕊花蒴果中产卵。象虫科的昆虫都会将卵产在毛蕊花、玄参和龙头花这类植物的蒴果里。同一季节里，同科的其他象虫会将宝宝的家选在结满了硕大果实的植物上，因为这样的果实能给宝宝提供充裕的食物以及舒适的住所，而雌球象却并不贪图富贵，选择将宝宝的家安放在蒴果非常小的毛蕊花上。

更奇特的是，它完全不会像粪金龟妈妈那样给宝宝提供充裕的食物，以至于刚孵化的宝宝就不得不离开出生地去觅食。原来啊，象虫妈妈可谓用心良苦，它希望宝宝可以早日独立生活。

球象没有住所，露宿在外，但必要时会用肠子里的原料亲手建造一顶薄膜帐篷。这种建造房子的方式在同类昆虫中也是独一无二的。

所有象虫的幼虫期都是在出生地度过的，而即将蜕变时，都会移居到地面。蒜象离开了大蒜芽，栎象离开了橡栗，卷叶象离开了用葡萄叶或柳叶做的烟卷，龟象离开了卷心菜根，这些在长大后即将出门远行历练的幼虫，依然遵循象虫科昆虫在出生地长大的规律。

然而，出人意料的是，深波叶毛蕊花球象的幼虫在婴儿时期就必须搬离那个它的孵化地毛蕊花蒴果，到一个枝桠上生活。这成就了它不同于其他同科昆虫的两项能力：其一，分泌可以使自己牢固附在枝桠上的黏液；其二，建造可以作为蛹的小泡。

象虫的幼虫没有家，它们在露天生活，只有在需要的时候才会建造包膜帐篷。

第六章

腐尸爱好者

——反吐丽蝇

昆虫档案

昆虫名：反吐丽蝇

身世背景：一种十分常见的丽蝇；目前已知的丽蝇约有1100种，大部分分布在非洲及欧洲南部，而反吐丽蝇一般分布在温带及热带地区

形态特征：成虫外表都有泛着光泽的金属色，一般是绿色、蓝色或者黑色；触角分为三节，上面有芒，整条触角芒都呈羽毛状；腹基节上有刚毛

生活习性：特别喜欢吃腐烂发臭的东西，如腐尸和大粪；成虫会产下大量的蛆虫，这些蛆虫更是腐肉的爱好者

野味的罪魁祸首

在大苍蝇中有一种颜色非常明亮的深蓝色类别，叫做反吐丽蝇。很多时候，它们都会想尽办法潜入我们的厨房，专干那些见不得人的坏事；倘若被密封玻璃之类的东西拦住了，它们就会坚守在玻璃上，一直嗡嗡个没完没了。它们通过晒太阳让自己的卵加速成熟，以让自己的幼儿能补更多的钙。这些手脚不干净的家伙，不仅仅会悄悄爬上面包、肉类，在这些食物上胡乱啃咬，就连腐肉上的蛆虫也不放过。究竟它们是如何产下卵的呢？从秋天持续到严冬来临，这些反吐丽蝇经常会出现在我们身边。早春二月，田间地头都会有它们飞舞的身影。生性怕冷的反吐丽蝇，究竟是如

反吐丽蝇常常会潜入人们的厨房偷窃食物，
干一些见不得人的勾当。

何在这乍暖还寒之际忍受春寒的呢？原来，它们经常紧贴在向阳的墙壁上，源源不断地吸收温暖的阳光。四月天气转暖，这些家伙就开始盯上月桂花的花果了，它们吮吸那白色小花里饱含的蜜汁，而且还会在月桂花上肆意地玩耍、恋爱，甚至结婚。在户外玩转了整个春天之后，在秋叶落下之际，它们就开始往我家里钻了。

　　它们如此不讲道理，我当然也毫不含糊，等它们紧贴在我家玻璃上嗡叫不止的时候，我就轻松地将它们给抓了起来。我找到一个笼子，把它们关了进去。当然，我还准备了一个灌满沙子的罐子，然后以大金属网罩罩上去；而且网罩内还存放了装有蜂蜜的小碗，好让它们饥饿时候能够饱餐。此外，我还在满是各种小鸟的荒石园里，射猎了一些鸟儿，为这些苍蝇产卵做好准备。

　　我先给它们送上的，是前天射猎的那只朱顶雀。我将一只已到了产卵期的反吐丽蝇放置进去，此时它已经拖着笨重的大肚子了。或者是我惊动了它，它情绪有些波动，差不多一个小时后才安静了些。在那只朱顶雀出现在它面前时，它先是有些好奇，接着不辞辛劳地将猎物上上下下看了好几遍；直到确定猎物是死掉的，它就悄悄朝着鸟儿的一只眼睛靠了过去。没过多久，鸟儿的眼球就深陷了进去，然后完全萎缩了。

　　反吐丽蝇把产卵管折成直角，直接刺入鸟喙窝的底部，以方便产卵。它一动不动，将一堆卵产下来，足足花了半个多小时。为了观察它们，我甚至用上了放大镜，而且动作非常轻，毕竟它们十分警觉。我发现反吐丽蝇产卵的过程是间隔的，并非连续的。观察过程中，我发现反吐丽蝇有好几次暂时离开，移到了纱网上暂时休息。整个过程，它那两只后足总是不停地摩擦，我并不知道这是不是为继续产卵做什么准备。后来我明白了，它们为了产卵的顺利，要先将产卵管清理干净，磨得平平整整；直到腹部再次胀起来，它就马上又飞回产卵地去工作。如此这般，工作、休息，前后差不多两个小时，才终于完成了产卵。

　　此项任务结束，反吐丽蝇就再也不会回到那里去了；最不可思议的是，

腐尸爱好者——反吐丽蝇

鸟类尤其是死掉的鸟类，会成为反吐丽蝇产卵的合适场所。

它们往往在第二天就结束了生命。倒是之前的那只鸟儿，喉咙口、舌头底下及软腭上布满了反吐丽蝇产的卵，喉咙处也变得白花花一片，完全没了之前的颜色，让人感觉非常壮观。

再过两天，卵就开始孵化出来了，这些才出来的小蛆虫，争先恐后地蠕动着，都想离开出生地，纷纷朝着鸟儿的喉咙深处移去。那鸟喙本来是闭着的，大颚也紧合着，只有一个头发丝一样的缝隙。你问反吐丽蝇的卵是如何进去的呢？原来，那缝隙其实就是个传输带，很容易将卵运送进去。不过，万一鸟喙紧闭，它们的卵会产在什么地方？

为了做这个实验，我特别将鸟喙用细线给捆绑住，不给它们一丁点缝隙；然后才将另一只反吐丽蝇弄了过来。正所谓办法总是会有的，这次，它将鸟的一只眼睛用来存放卵，卵布满了眼皮和眼球之间的位置。也是大概两天的时间，蛆虫孵化出来，纷纷消失在了鸟眼窝深处的肉内。由此可见，这些反吐丽蝇的卵就是借助鸟儿的眼睛和喙，深入它身体内的。

其实，鸟儿的伤口往往也会成为反吐丽蝇的产卵通道。在为它们准备一只胸部受伤的朱顶雀时，我用纸套套住其头部，以此挡住喙和眼睛。而放入反吐丽蝇时，我特别对鸟儿的羽毛、伤口进行了整理，好让它们不容易发现。

反吐丽蝇还是一如既往地迅速走近鸟儿，如同侦察兵一样，反复观察揣摩，不放过任何机会。此时如果仅凭嗅觉来侦察，它们是不会有所发现的，毕竟鸟儿还没有腐烂；但在触摸方面，看上去它们暂时也没有什么发现。但是，反吐丽蝇还是把伤口处找到了。接下来，它们将肚皮深深地埋在羽毛里，对准那伤口，一动不动地捣鼓了足足两个小时。待它们离开之后，我特别观察了下鸟儿的皮肤和伤口的变化，竟然什么都没发现。最后，我干脆将伤口外的羽毛完全拔起，深挖了一下，这才看到了那些卵。原来，它们的产卵管可以伸缩，此次产卵时，它们将其进行了拉伸，直接刺透了那团伤口和羽毛。我估算了下，一个卵袋足可以包容 300 个卵之多。

倘若鸟儿的眼睛被封，而且没有任何伤口，那它们该怎么办？为了验证这一结果，我又做了一个实验，用纸套将鸟头完全包裹，而且拔光了羽毛。这次，反吐丽蝇还是通过各处巡逻、搜索寻找，然后来到了蒙住的头部位置，焦急地转来转去。最后它果断放弃了。估计是考虑到幼虫将来工作的不易，它没有前往胸部、腹部和背部，而是在相对较容易穿透的腋窝和大腿根处产下了卵。当然，这次它产下的卵数量并不多，很明显，这不是它们理想的产卵地，只是无奈之下的选择罢了。

由此可以看出，反吐丽蝇倾向于在裸露肉的伤口、无柔嫩皮肤保护部位进行产卵活动，包括腔黏膜和眼内膜。似乎这些阴暗处让它们更加有安全感。

对于反吐丽蝇来说，将卵产在阴暗处是相对比较安全的选择。

由于鸟儿受到纸套的保护，蛆虫没机会钻进眼睛和嘴里，但如果换上人造皮包裹鸟的全身，反吐丽蝇还有没有产卵的信心？为此，我特别选了花匠用的小纸袋，用健康的、受重伤的鸟儿分别进行了实验。

鸟儿的尸体被我包裹严实后，丢在了实验室的桌子上。因为阳光的暴晒，腐肉散发出难闻的气味，所以吸引了大批反吐丽蝇的光临。它们紧贴在袋子包裹的死尸上，都希望更进一步接近腐尸。但是这样的奢望最终没有任何突破。产卵期很快过去，它们并没有在纸袋上留下一颗卵，因为它们明白，弱小的蛆虫根本不能穿透那层屏障。母亲的决策是非常英明的。如此这般的包装下，那鸟儿的尸体即便被丢在野地里三五年，往往还是如此，除了正常的水分蒸发外，没有任何蝇类光顾它。

那些被抛在荒地里的尸体，是什么原因腐烂掉的呢？其罪魁祸首正是双翅目昆虫们，诸如反吐丽蝇，它们比腐化剂还有催化能力。我们在市场买回的肉类、野味，如果没有及时处理就会爬满蛆虫，那正是反吐丽蝇们捣的鬼。要想杜绝它们的光顾，最好的办法，就是用袋子将肉类包裹密封。

在这些双翅目昆虫的眼睛中，任何尸体都是一样的，并无高低贵贱之分，它们都会竞相追逐，一视同仁。

 ## 聪明的反吐丽蝇蛆虫

在酷热难当的夏季，反吐丽蝇孵化蛆虫一般需要两天时间。它们所选的孵化场所，要么在我准备的肉上，要么在允许它们通过的容器的缝隙外。

进入肉内，对于蛆虫来说非常容易，如同钻入奶油堆一样。蛆虫们在肉上留下洞，然后做出只有它们自己会做的美味肉汤。蛆虫身上的蛋白酶能将肉化为肉汤，然后逐步吸食掉。如果是纯瘦的猪、羊、牛肉，这些肉不会变成液体，而会化为一种稀糊；换做肝、肺、脾之类，会被腐蚀成半流质，一旦遇到水混合，就会溶解；如果换成谷物，也会化成稀糊。但如果是脂肪、牛脂、黄油这些，就不能被蛆虫溶解，蛆虫们的结果就是很快被饿死。看来，蛆虫溶剂仅仅对蛋白质起作用，而对脂肪毫无办法。双翅目昆虫的蛋白酶是无法溶解皮肤或角质的。

其实，以被割开肚子的蟋蟀饲养反吐丽蝇的蛆虫，蛆虫本身是非常喜欢的；但实际操作起来，除了蟋蟀肚子非常美味，就再无好处可言，蛆虫的蛋白酶溶剂对蟋蟀的皮肤根本不起作用，它们完全钻不透。后来，我还用剥了外皮的蛙腿做实验，蛆虫们很快将其溶成了稀饭。

可见，这蛆虫的蛋白酶溶剂，对动物皮肤是不起作用的。正是因为如此，反吐丽蝇产卵总是对地址非常仔细地斟酌。每每选中的，必然是动物躯体的薄黏膜部位，包括鼻子、眼睛、喉头以及重创露出的伤口。

除了那些高级动物的肉之外，低等动物的肉它们也喜欢，诸如鱼、两栖类、昆虫等死尸，蛆虫都能轻松地烹出稀饭来。很明显，它们对于食物的质量并不挑剔。

第六章

腐尸爱好者——反吐丽蝇

反吐丽蝇的蛆虫钻到肉里很容易，它们在肉上留了洞，便于做美味的肉汤。

有一年一月的第一个星期，突然降临了一场寒潮，有只猫头鹰被冻死在了我家附近的一个露天地上。没有任何破损，眼睛因为死亡变得暗淡无光，但表面却被反吐丽蝇那白白的一层圆形的卵给覆盖了，而鼻孔周围更是密布了一团一团的白色卵。这个意外的收获，让我再次有了实验品。我将它放到了实验的罐子沙土上，以金属网罩盖。因为网罩内外都很寒冷，这对卵的环境来说并无变化。我猜测，是不是这股寒流将反吐蝇卵们扼杀掉了？

第二年三月的一天，我无意中发现那些一团一团的卵竟不见了，它们到底是什么时候消失的？表面上看，猫头鹰尸体保存完好，向上的腹部面和过去一样，羽毛也很整齐、鲜艳且有光泽。尸体放在手中，非常轻，而且很干、很硬，完全就是具干尸。干燥的尸体并未散发难闻的腐臭味；但提起来看，背部那面则腐烂变臭了，露出了骨头，估计是接触了沙子的缘故，而且皮肤变得很黑，宛如皮革，上面小孔密布。

究竟这些孔是不是跟沙子长期接触所致？难道不会是那些蝇虫蛆虫

寒潮来袭的时候，猫头鹰也难免会因为没有躲过而被冻死，这时它就容易成为蛆虫产卵的场所。

干的？事实最终得以证明，那些蛆虫并没有冻死。我再次检查了一遍猫头鹰尸体，发现它内部的肌肉和脏器都消失了。虽然搜寻，却连个蛹都没发现。看来这些家伙全转移走了。如此厚厚的羽绒皮囊，绝对是遮风避雨的上佳选择，为什么还要离开？化蛹期间，蛆虫竟然放弃了这个好地方，跑进了沙土内。而那死尸上的孔洞，正是它们迁徙时的杰作。

正如我所预测的，蛹不仅埋入了沙土，其数量也非常可观。我以筛子筛沙，弄出了差不多900个之多——如此数量庞大的后代，竟然都是一只蝇妈妈孕育的。

为何要离开吃住方便的地方，选择土壤定居？作为尸体清洁工，处理这个尸体时，必然有一些残留物，那猫头鹰尸体内部缘何那么干净？原来，当蛆虫们离开原住所后，又有一批尸体解剖师——皮蠹光临了这里，将尸体的肌腱和皮完全蚕食掉了。

皮蠹那么喜欢啃食尸骨，倘若那里有苍蝇的蛹会如何？皮蠹偏好硬的物质，倘若碰到蛹，一定会用颚去咬，仅仅轻轻一口，蛹就会受伤。虽然它们对蛹壳里的活物没兴趣，但蛹壳却是它们的最爱，那可是和动物的皮一般柔韧好吃的。就因为这个蛹壳，蛹的性命都差点没了。

不过，乍一看没有头部的蛹虫，其实是非常聪明的。这些蛹由可以活动的两部分组成，以适应从地下钻入土层之上的需要。它那一对鼓鼓的大红眼睛，忽而跑到两边，忽而聚在中间。它额头裂开，一个巨大透明的鼓泡长在额头中间，忽而鼓忽而瘪，不断变化着。当额头分成两半时，一只眼被挤到了左额，另一只则被挤到了右额。整个头部俨然如同一个圆鼓鼓的大头针，颅骨内如同要喷涌出东西似的。

正是这个不断鼓泡，有力搏动的额头，让它有了从土壤向上钻的资本。刚从蛹壳中出来的反吐丽蝇，以鼓泡碰撞沙土，让土块坍塌，然后就以足拨弄土到身后，之后就这样撞土、拨土不断重复，以实现身体的前行，直至到达地面。如此耗费体力的办法，加上它们苍白、矮小的样子，让人看着实在可怜，但这的确是十分行之有效的。一旦碰到什么危险或者阻碍，它们会仗着裂开的头部、时鼓时缩的鼓泡，做一番殊死的搏斗。

等到皮肤变硬、翅膀展开，它们就如同披上了黑色与深蓝色相间的严肃礼服。此前挤向两边的眼睛也恢复了合适的位置，额头的鼓泡也没有了。当然，在鼓泡消失前，它们都会慎重地用前跗节不断擦拭，以防头颅闭合时留下了沙粒。

为了探明蛆虫埋在沙土内的深度，我在冬天特别找了些反吐丽蝇蛹做实验。我以 15 只为一组，将它们分别放到了实验试管中；接着把沙子盖在蛹身上，盖在它们身上沙子的厚度不相同，分别是 6 厘米、12 厘米、20 厘米和 60 厘米。转眼间到了四月份，蛹进入了羽化的阶段。

我发现那个只盖了 6 厘米沙子的试管中，有 15 只蛹没到了沙子下面，

14 只则完全成了蝇，而且都返回到了地面上，仅仅一只死在了试管内。而在那个覆盖有 12 厘米厚沙子的试管中，返回地面的仅仅只有 4 只蝇。在覆盖有 20 厘米沙子的试管中，返回地面的蝇仅仅有两只，其他的都在返回地面的过程中死掉了。而在覆盖沙土深达 60 厘米的那个试管里，返回地面的只有一只反吐丽蝇，它是 15 只蝇中唯一的幸存者。这个概率可真小啊，可见它有多么坚强勇敢。在返回地面时，滚动的沙粒是它们遭遇的最大困难。

接下来，我又在两支试管中装了潮湿土，并压实它们，减少滚动的土粒对反吐丽蝇返回地面造成的压力。我在试管里多放了 15 只蛹，一支试管内覆盖了 6 厘米厚的沙土，实验结果显示，有 8 只反吐丽蝇冲出重围，获得了新生。而在有着 20 厘米深的土层的试管中，有一只反吐丽蝇最终到达了地面。很明显，这些家伙钻出地面的成功率，远低于那装沙子的试

皮蠹碰到蛹，一定会用它的大颚咬住圆乎乎的蛹壳，因为它喜欢啃食硬的东西。

管。以额头撞击，沙子是极易坍塌的，但泥土则不是那样。在那只坚强的反吐丽蝇经过的地方，我看见一条通向地面的狭长通道，那一定是反吐丽蝇用自己额头上的临时鼓泡给打通的。

这些反吐丽蝇确实十分聪明，因为担心蛹被皮蠹伤害，就将自己深埋地下，然后羽化；它们最喜爱沙土，当然，腐质土也是可以的，对于钻探重返地面，它们还是十分有经验的，能使自己既安全又快速地返回地面。

 昆虫界的食物链

食物链是生物界客观存在的规律，也许前一秒还是吃他人的，转眼间自己也沦为了别人的盘中餐。反丽蝇蛆虫可以溶解死尸并以此为食，当然也逃不掉被其他生物吃掉的下场。降服它们的是一种叫做腐阎虫的家伙。腐阎虫是一种极具代表性的垂钓者，会在尸体潮解后的沼泽地带，坐等食物上钩，反吐丽蝇，绿蝇、灰蝇等的蛆虫都是它的盘中餐。

倘若遇到寄生虫，反吐丽蝇家族往往会遭受灭门之灾。我收集了一大堆灰蝇的蛹，它们和反吐丽蝇蛆虫非常相似。为了观察它，我打开了一个茧，用刀小心地挑开了它尾部的体节，原本以为会看到大量的蛆虫，不想映入眼帘的却是一群晃动的虫子，蛆虫竟然早就不见了。细数下来，蛹壳内足足有 35 个侵略者。这些家伙就是寄生虫，隶属于小蜂科，作为动物肠内的侏儒害虫，它们的本领就是吞食蛹。

冬季的时候，我曾在一个大孔雀蛾的茧中，找到了足足 3499 条寄生虫，它们全都源于一个家族，但大孔雀蛾的孩子却没了踪影。那些蛹早被寄生虫们当营养品给享用了。那脱下的空袋子蛹壳毫无损坏，里面的寄生虫们，一个个吃得又白又胖，紧挨着躺在里面，非常拥挤。

一只皮蠹正悠闲地爬着，相信反吐丽蝇已经做好了完全
的准备，以免自己的蛹被这个大家伙破坏。

想想都够后怕的，人家妈妈辛苦诞下的生命，就被这些后来居上者，
当成了餐桌上的佳肴美味。

快到九月的时候，灰蝇蛹壳里的寄生者开始羽化，变成成虫。作为
小蜂科的昆虫，它们以大颚咬出来两个小圆洞，然后钻出来。每一个蛹壳
一般有 30 只寄生虫，毕竟再多一些，那个"房子"就住不下了。

羽化后的成虫长得很矮，不过姿态还算优美，体型苗条，穿着铜黑
色的服饰，爪子是白色的，尖尖的腹部则为心形，上面还有一点点小肉柄。

它们的雄虫不算多，而体积仅有雌虫的一半大。当然，这对于它们
种族的延续并没有影响。以我做实验的试管来说，雄虫的稀少，反而为它
们向雌虫求爱增加了机会。

那这些寄生的家伙，是如何进入灰蝇的蛹壳里的呢？

第六章
腐尸爱好者——反吐丽蝇

灰蝇的外壳够坚硬，入侵者一般不可能穿过，况且入侵者那么矮小，哪有那么大的本事，它们最多能将卵输入蛆虫细嫩的皮肤。产卵的时候，它们会细致勘察脓血沼泽表面蠕动的那些蛆虫，甄别最适合产卵的对象。选定目标之后，它们就从尖尖的腹部末端伸出一根短探针，然后用这个工具将蛆虫的肚子扎出个细眼，最后逐一将卵产到里面。如果需要产下30只寄生虫，它的探针就会反复插入。

所以说，蛆虫皮肤上有时会有一处针眼，有时也会有多处针眼。也正是针眼的作用，让蛆虫们束手就擒了。下面我举个例子。

之前研究朗格多克蝎子的毒液以及对昆虫的作用时，我发现蝎子和胡蜂及蜜蜂不同，胡蜂和蜜蜂都有个球形容器，用来聚集和贮存毒液。

朗格多克蝎子那藏有毒针的体节中拥有天然的蝎毒，是对付其他昆虫的武器。

但蝎子则不然，它仅仅有毒螯针，而尾部最后一个体节处，则有个葫芦形状的毒囊，这块发达的肌肉内分布着细管，能源源不断地分泌出毒液。

正因为蝎子没有贮存毒液的容器，我只能取下它尾部藏有毒螯针的体节。我当时是从一只死去多时且晒干的蝎子身上取下的，在琉璃盆内，我滴了几滴水，然后掰开体节，将它们放进水里碾碎，先后浸渍了一天一夜。倘若蝎子尾部含有毒液，最终得到的溶液也应该含有一些毒液成分。

我找了根带有头发般粗细的针尖的玻璃管，在受试昆虫们长着角质皮的地方进行了注射。蝎子用毒螯针刺敌人时，针上的毒液浓度还没有我调兑的浓度高。我调制的毒液注入它们体内时，受害者都会痉挛。一旦毒液被风吹干，我就将续添几滴水，如此重复，一被吹干我便继续加水，其毒性也越来越强了。被注入毒液的昆虫，往往很快就死掉了。

蝎子尾部带毒针的最后体节可制成溶液，那么其他部位呢？为了得到结论，我又取下了蝎子的另外一处体节，按照老方法进行了实验，果然证明，调制出的溶液也带有毒性。最后，我又用蝎子的螯钳调制出了溶液。实验证明，蝎子身上的任何一个部位，都可以制成毒液。

接下来我观察了性情温和的椰蛀犀金龟和葡萄蛀犀金龟。我将晒干的葡萄蛀犀金龟的外壳捣烂，取出胸部的内部组织，然后将它晒干了，想看看它是否有毒性。此外，我还对天牛和花金龟的尸体进行了类似的实验。实验的结果完全一致，这些溶液全都带有剧毒。要检验它们的毒性，个子高大、健壮体格的圣甲虫是最适合的。我在 12 只圣甲虫的胸部、腹部，还有它们离敏感的神经中枢遥远的后腿上分别做了实验，向它们的这些部位分别注入了溶液。

结果圣甲虫很快就倒下了，仰面而躺，爪子一阵乱蹬，头低着，背部仿佛因为疼痛而拱了起来，而且足上有些痉挛，虽然跐了起来，但却是原地踏步、东倒西歪，根本没法好好掌控自己的行动和平衡，像个喝醉了

被注射了毒液的圣甲虫迅速地倒下，四脚乱蹬，仰面躺着。

酒的人。它的身体不停地剧烈颤抖着，像一场巨大的风暴，扰乱了它的肌肉协调能力。

12只实验对象，一部分迅速死掉了，余下的几只在挣扎了几个小时后也相继死了。我将它们的尸体放在露天沙地中，虽然空气很干燥，但尸体却没有迅速失去水分，变得僵硬。相反，它们的关节很多都脱臼了，成了容易分开的灵活部件。

天牛、松树腮金龟、大头黑步甲、金步甲也相继成了我的实验对象，得到的结果也完全一致。所有昆虫都出现了异常反应，如快速死亡、关节松动脱臼、尸体快速腐烂等。其中一只没长角的昆虫，它的肌肉腐烂速度尤其快。我曾看见过一只花金龟幼虫，它不小心被一只恶毒的蝎子刺了好几次，但它坚强地活了下来。但让人不能相信的是，我将毒液注射给它们时，它们却在非常短的时间里死掉了，尸体也变成了深棕色，在短短两天后就腐烂了。

大孔雀蛾对毒蝎的毒汁并不敏感，当我以注射方式对它进行实验时，发现它的抵抗能力也变弱了。我以一雌一雄两只大孔雀蛾进行对比实验，开始的时候它们似乎都没什么反应，但没过多久就开始发作了，翅膀轻轻抖动了一下，然后静静地死掉了。第二天，尸体极其软，且腹部体节完全脱离，稍微碰一下关节就会脱臼。我特别拔掉其体毛，发现那原本雪白的肌肤已经变成了棕色，而且还在继续变黑，且腐烂速度同样也十分快。

正所谓"物竞天择，适者生存"，当蛆虫们以其蛋白酶将动物死尸变成自己的美味稀粥时，它们没有想到的是，别的寄生虫早盯上了自己，要吃它的肉，占领它的蛹壳，关键是它们还毫无反抗能力。而大孔雀蛾之类的昆虫，虽然可以逃脱蝎子们的毒液，却无法应对我特别制作的毒液，毕竟那溶液的毒性更加强大。

大树的天敌

——大薄翅天牛

昆虫档案

昆虫名：天牛

身世背景：鞘翅目天牛科甲虫，全世界已知的约
40 000 种，我们国家有 3 500 种左右，
是一种会危害树木和果实的害虫

形态特征：触角很长，有咀嚼式口器，幼虫为淡
黄色或者白色，成虫呈长圆筒形，背
部略扁，因为力大如牛，善于在天空
中飞翔而得名

生活习性：植食性昆虫，幼虫生活在木材中，会
蛀食腐朽的杉木；成虫出现于夏季，
在夜晚具趋光性

温柔的木蠹和爱施家暴的大薄翅天

有一种肥大的虫子是罗马人的餐桌佳肴，它的名字叫木蠹。它们以橡树为寄居地，样子有些像天牛，这里让我们来好好认识一下它们吧。

曾有博物学家认为，木蠹寄居的地方是橡树的树干。其实，那仅仅是大天牛的幼虫，这种虫子又白又胖，宛如胖胖的香肠，外表十分讨人喜欢。而我发现的其他一些虫子，也可以叫木蠹，它们跟天牛幼虫极其相似。

薄翅天牛的体色为黑褐色，前胸背板外侧下方向外突出。

而具备"木蠹"称呼的条件，包括这些：胖胖的身体，较大的个头，看上去让人讨厌。

那是个冬日的晴朗下午，在我切开一根外表很硬很干的树根时，看到了中间的柔软部分，那些像灯芯棉的地方，有点温热，有点潮湿，而一大群虫子就躲在里面。这些家伙胖得不行，有着美丽的象牙白体色，抚摸起来非常光滑，宛如绸缎。而且它们的身子是半透明的，像极了胖乎乎的香肠。它们的确很容易激起人们的食欲。它们才是真正的木蠹吗？

我计划在封斋日的星期二，用它来招待我的好朋友们，那么，读者们知道如何烹制木蠹吗？我以为将其烤着吃非常不错，所以就用铁丝一一穿好它们，然后放到铁架上，置放到烧得很旺的火盆上。只需要一点盐作为调料，我的木蠹烧烤就开始了。在轻轻的噼啪声中，那金黄色的烤肉就开始呈现出来了。

虽然家人开始不敢入口，但看我吃得很香，也纷纷效仿吃起来。不过我的小学老师一直很犹豫，毕竟之前那些虫子蠕动的样子还停留在他脑

木蠹的幼虫白白胖胖的，活像胖乎乎的香肠，肌肤是半透明的。

海里，总挥之不去。不过，食欲这个事儿真不好说，他后来也拿起来开始尝试了，最后更是深深地爱上了这个味儿。用木蠹做的烧烤，大家都非常认可，如果说有什么不足，我觉得就是烤木蠹的皮有点儿厚了。

我曾看过普林尼关于烤制木蠹的简单叙述，他说以面粉辅助，能让木蠹变得肥嫩，增加口感鲜度。真的是这样吗？为了论证真伪，我特别抓了几条松树上的虫子，把它们放进了一个装满面粉的瓶子里。除了面粉，瓶子里什么也没有。我很担心，被埋在细面粉下面的虫子，会不会窒息而死。

结果出乎我的意料，普林尼说对了。木蠹生活在面粉下面，长得很快，它们在面粉中挖了许多地道，身后排泄出棕红色的糊状物，这些是虫子的排泄物。12个月以后，它们都长胖了，看起来和生活在另一个宽口瓶里树根上的木蠹一样。

但我不是为了品尝美味，我想要获得它的原形态，仔细地观察虫子的变化。直到现在，我连木蠹真正的名字都不知道。我把这些虫子从松树上迁徙出来，放到花盆里，给它们喂松树皮，还特地将树心腐烂的部分挑了出来。

我感觉，这些家伙的食物够丰盛了，它们一个个慵懒地上下爬行，各处啃咬。为了让它们能够健康成长，我经常进行整理，以保持它们的食物新鲜。其实这些虫子也算容易喂养，前后两年的时间，它们的状态都非常好，胃口就别提了，一直很棒，消化功能也十分不错。

七月份的时候，我发现有一条幼虫和平常有一些不同，如同热锅上的蚂蚁一样团团转着。原来，它这是在为皮肤开裂做前奏运动。这是可以在普通的宽敞屋子内进行的。那些来自食物和排泄物的粉状木质物，被它用臀部纷纷推到身边，而后不断挤压。由于这些东西很潮湿，黏结一起后，极易被挤压在一起，成为一面类似墙的屏障，表面非常光滑。

炎热的天气过去了几天，幼虫开始蜕变了。或许它们是在夜里蜕变的，所以我没能亲眼看到裂开的过程，只在第二天发现了那蜕下的衣服。幼虫的皮肤从胸部一直到最后一个体节都裂开了，蛹仅仅将头轻轻一伸，就

木蠹的幼虫正在做蜕变前的准备，它的运动可以在一间宽敞的屋子里进行。

可以从皮内钻出来。它们一会儿绷紧身体，一会儿缩小，仅仅片刻功夫，就能从后背那狭长的小缝内钻出。而那张皱巴巴的皮毫发无损，依然硬邦邦的。

出壳那天，蛹的颜色简直要白过珍珠和象牙了。它的身体在逐渐凝固中成形。它的足稍弯曲，双臂则交叉于胸前，样子看上去虔诚又庄严。我以为，这就是对于生命的虔诚和敬仰之意吧！它那一节一节的跗节连结一起，宛如长披肩。而鞘翅和后翅合而一起，形成一个套子，那扁平的体型，粗棒一样的形状，以及前胸两边向外的微开，俨然伊斯兰教徒头顶的白帽子，而且是那种非常漂亮的带着面纱的女教徒。它们时而会动，但凡稍微刺激下它，它的背部就会扭来扭去，以向外界的危险采取防卫。

再过一天，一层白纱衣一样的雾状东西笼罩在了蛹外面，这也预示其持续半个月的羽化即将开始了。一直到七月下旬，蛹身上的紧身衣裂成了碎片。因为成虫在衣服内各处胡踢乱蹬，最终衣服都被它踢破了。幼虫才出来时，穿着一件铁红和黑白相间的外套，而后就换成了乌黑色的。至此，整个生长过程也就完成了。

第七章
大树的天敌——大薄翅天牛

我认出它来了，这就是昆虫学家口中的小昆虫"埃尔加特"，取名寓意为"铁匠"。

作为一种非常了不起的昆虫，大薄翅天牛的长度和神天牛相同，但不同在于，其鞘翅宽了一些，而且还有一些微微变形。在雄性的前胸处，有一个非常明显的标志，即两个三角形的装饰斑，一闪一闪地发着光。它们往往在夜间出来活动，而交配活动，往往会在出生地进行。

我将找到的一些羽化的成虫，一对一对地分别放置在一起。我将松木上剥下的大堆碎块，以及它们平时最喜欢吃的梨块、葡萄、西瓜等东西都准备好，一起放在了大金属网罩下。

在白天，它们总是慵懒地一直蜷缩在木块堆里，不喜欢出来活动。到了凉爽的晚上，这些家伙的闲情雅致就来了，散散步，跳跳广场舞，悉数登场。当然，它们的表情一直非常严肃，网罩上、木堆里都是它们驻足的地方，那些平常最爱吃的食物，似乎都不爱理会了。

说起来，最佳的交配时节已经到了，但它们根本不喜欢交配，那些雌性和雄性总是有意躲避对方。即便是偶然遇到了，也是一番嘶咬打骂，

薄翅天牛一般在夜间出来活动，而白天却蜷缩在木块堆里，很是慵懒。

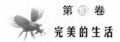

最终两败俱伤，负伤流血而走。我有些不明白，多数动物的雄性都会怜香惜玉的，它们为什么如此野蛮，各种厮杀、拼斗毫不含糊，那可没有半点爱抚的可能啊。你瞧，双方但凡宣战，没有个你死我亡，没有个断腿裂翅，都是不会善罢甘休的。

　　它们为的是争夺地盘？这个猜测绝对是不正确的，我提供的网罩下的空间，那可是一点儿也不拥挤，大家完全可以相安无事地自在飞翔，更何况里面粮食充裕。或者按人类的想法，这个地方没有自由，所以它们的脾气变得越来越糟糕了？然而我在同一个网罩里内放了 12 只神天牛，它们相处一个月都不会有一次争斗。

　　七月的夜色都很宁静，温暖的夜晚 12 点，柳树的树洞或者粗糙的树干上，都能寻找到它们安静的身影。雄性往往趴着一动不动，等待着雌性

夜晚，雄性薄翅天牛会在树干上趴着一动不动，等待着雌性从树洞里钻出来。

的到来，雌性则往往从树洞内徐徐爬出来。

薄翅天牛同样有大而有力的剪刀、铡刀，这也预示着，它们或许有那么点儿家暴的倾向。在刚成年的时候，它们会用自己的大铡刀大刀阔斧地开辟一条道路，而后则以此作为武器自相残杀，即便是自己喜欢的对象，照样不会手下留情，暴力程度绝不亚于那些酒后施暴者。只要把这些家伙放在一起，对方不是很快变成瘸子，就是变成独臂、跛子。它们那风卷残云一般的疯狂砍杀，让所有遭遇屠杀的地方生灵涂炭，惨不忍睹！当然，如此脾气暴躁的家伙，它们不懂对雌性温柔以待，当然也不会获得对方的好待遇，毕竟双方都不是好惹的！

第八章

从生到死
都发光的昆虫

——萤火虫

昆虫档案

昆虫名：萤火虫

别　　称：亮亮虫

身世背景：萤科昆虫的通称，是一种小型甲虫，全世界约2000种，分布于热带、亚热带和温带地区

形态特征：体型娇小，长而扁平，体壁与鞘翅柔软；腹部末端有发光器，内有能产生黄绿色荧光的荧光素

生活习性：习惯在夜间活动，成虫能发光，可以用来吸引异性；卵、幼虫和蛹往往也能发光，幼虫喜欢捕食蜗牛和小昆虫，常常栖于潮湿温暖、草木繁盛之处

萤火虫的光亮

　　对于我们非常熟悉的萤火虫来说，它们是如何捕食的呢？为了搞清楚这个事情，我在一个大玻璃瓶内，放进了一些草、几只萤火虫以及几个蜗牛。一切准备就绪，接下来就是我驻足观察的好时间了。

　　萤火虫发现自己的捕猎对象蜗牛后，就开始全方位地探察，蜗牛通常仅仅露出一点儿软肉在外面，其余部分都安守在自己的壳中。猎食者一

蜗牛是萤火虫的捕食对象，萤火虫会像蛆虫一
样将猎物变成流质然后再吸食。

番探察，开始将它的两片大颚工具打开来。

这个看似简单的工具，其实是非常锋利的，表面呈钩状，细如发丝，仔细观察还会在颚上发现一道细细的槽。大颚工具先是轻轻地反复推敲着蜗牛的外膜。不明白的人，还以为这么温和的动作是在亲吻呢。

每被"亲吻"一下，蜗牛都会停下来休息会儿，似乎醉了一样，但很快就昏了过去。两天之后，被萤火虫亲吻得昏过去的蜗牛又复活了，表面看还算正常。如果以针去刺激它，它是能感觉到的——会蠕动，会爬行，会伸出它的触角。我想了下，其实以"麻醉状态"来形容此时的蜗牛，是非常贴切的。其实，这个猎食方法很多昆虫都用到过。为了进食的方便，猎食者将毒液注入猎物身体，特殊的毒液让猎物处于麻醉状态。

倘若蜗牛不在地上爬行，缩进壳里，或是在高处躲着，我们的萤火虫是没办法骚扰它们的。但凡蜗牛有一丝肉体裸露在外，萤火虫就会非常"亲切热情"地上去献上那浓浓的一吻，让蜗牛进入沉睡状态，无法动弹，之后萤火虫就能舒服地享受美食了。

那么问题来了，萤火虫是如何吃猎物的呢？难道是将蜗牛切成小丁，弄成小片，再一口一口咀嚼？要知道，我们从没在萤火虫的嘴上发现那些固体食物的残留。或者萤火虫是将蜗牛给喝掉了？我们曾经研究过的蛆虫，饿的时候便会把猎物变成流质，然后一一吸食掉，是不是萤火虫的进食也与蛆虫差不多？

每次遇到被捕猎的对象，无论对象如何庞大，萤火虫们都只会派一个同伴去执行麻醉任务。直到蜗牛被麻醉后，所有的食客才陆续入席，共享那大餐。

实验证明，当蜗牛被麻醉之后，我们的食客们会用专门的消化素对其进行加工，那些蜗牛肉很快会变成肉粥，以供大家食用。而萤火虫嘴里那两个弯钩，除了向蜗牛身上注射麻醉剂，还能注射那种让蜗牛肉变成流质的特别催化液体。

因为有独特的攀升器官，萤火虫时常会爬到高处选择猎物。它们先仔细观察猎物，一旦发现缝隙，就会轻轻咬上一口。当猎物失去知觉后，它们就会轻松地把它加工成肉粥，以供应大伙儿好几天的食物需求。

结束就餐，大家纷纷满足地走开，而此时的蜗牛壳早就空空如也了。萤火虫的麻醉剂药效非常迅速，而且非常巧妙！它能让身体平衡性很差的蜗牛，既不会从光滑、垂直的玻璃上掉下去，也没有什么晃动，简直让人惊叹！

因为脚又短又笨，萤火虫一定是没办法爬上玻璃或草茎的，它们借助了别的工具。这个工具一定既不怕光滑，又能攀住玻璃光滑的表面。经过观察，我发现了这种工具，它位于萤火虫6只短足的末端，是一个小小的白点儿，通过放大镜观察，我们可以看见上面大约长着12个短短的肉刺，肉刺或收缩，或开放，以此达到攀附的目的。

萤火虫把它的猎物——蜗牛变成肉粥后，可以吃上好几天，最后把它吃得只剩下空空的外壳。

正是这个东西，让萤火虫有了非同寻常的粘附和行走能力——需要固定在一个地方时，它就让这团肉刺展开，进而稳当地贴在那里，即便是在茎秆光滑的禾本植物，它同样能够来去自如。在肉刺的粘附作用下，萤火虫能紧贴在支撑物上；而借着肉刺的高、低、张、合配合，它们还能在支撑物上进行平衡且稳当的行走。

不仅如此，这个器官还能被当成海绵和刷子用。每次餐后休息，萤火虫需要刷刷自己的身体，诸如像头部、背部、两侧、腹部等部位，它们就可以用这个小肉刺团来清洁自己。作为非常爱干净的家伙，萤火虫不会放过身体任何一个部位，身上的灰尘和蜗牛肉的残迹，通通都要洗刷干净。

除了是一个麻醉高手，萤火虫还有什么其他才能吗？当然有，众所周知，它的身体会发出光亮。萤火虫那个特别的发光器，可以发出亮光。

发光器位于腹部的是雌萤，它的腹部最后三节都是发光器。前两节的发光器是宽带状，几乎遮住了整个拱形腹部。而第三节发光部分，仅仅是两个新月般的小点儿。但正是这样的组合，让我们的萤火虫能够在夜晚中，发出微微发蓝的白光。那亮光从背部渗透出来，无论怎么看都非常漂亮。当然，雄性可没有那前两节的宽带，那可是雌性特有的。而小幼虫也仅仅只是尾部的斑点儿能发光，光亮要微弱一些。

所以，每当有绚丽多彩的亮光出现，那就意味着雌萤已经羽化成了成虫，并且表明雌虫已经完成交配。本来，雌萤在羽化后是该长出美丽且可飞翔的翅膀的，但是它们没有，它们却以绚丽的亮光来展示自己。

不同的是，雄萤会长出鞘翅和后翅，它们彻底颠覆了幼虫时的状态。而唯一一样的，就是那尾部的亮光。而且雌萤比雄萤，要额外多出两条于腹部处发光的宽带子。

我特意解剖了萤火虫的发光球，以帮助我进一步观察它的构造。我将其中一节光带的大部分取出来，放在了显微镜下，发现宽带的表皮上有一层白色的涂料状物质，非常细腻，还有黏性。这白色的涂料到底是什么物质呢？

夜色降临后的夜晚，萤火虫
停在植物上，身体发出亮光，
十分漂亮。

　　大家过去都觉得是磷，所以我决定将萤火虫给焚烧了，然后对燃烧物进行化验。结果，我没有发现任何与磷相关的特性。

　　此外，萤火虫是不是随时都能发光？是不是能随意调整亮度，让光增亮、减弱甚至熄灭？它们又是如何操作这些的呢？

　　在发光器的发光层上，我看到了遍布的粗管，当粗管内空气流量增加时，光就会随着增强；而一旦放慢或暂停通气，那光就会随之变弱或熄灭。在一些外力作用的刺激下，粗管内的空气会增加，从而促使发光器发出光亮。

　　萤火虫一旦为某种不安情绪控制，尾灯就会突然熄灭。我曾经在一次夜晚捕捉萤火虫时，明明看到有只萤火虫在发光，停靠在一处草上，但就在我不小心触动了小草之后，那小灯就迅速熄灭了，让这家伙完全消失在了我的视线中。很明显，那是只雄萤，因为对于雌萤而言，即便遇到再

强烈的刺激，它们的光带都不会受到一丝影响，这也是我实验得来的结果。

有一次，我将雌萤放进笼子带到了户外，然后特别在笼子边上开了一枪，结果雌萤的光带照样明亮且平静，根本没有受到枪响的影响。当我用喷雾器朝它喷水时，那光带同样没有一丝熄灭的意思。而当我弄了些烟雾吹到笼子里时，那光带确实变弱了一点儿，也有的熄灭了，但不多久，它们又全部重新亮了起来。

很明显，这些发光器是由萤火虫自己来支配的。即便我将它的发光层取下一块，放入玻璃管内，将管口塞住，它还是会发出光亮。不过一旦发光层与周围的空气直接接触，或者被放入了开水中，那亮光很快就会熄灭。所以说，萤火虫发光的真正原因其实是氧化。

雌萤之所以发出那些光亮，其实是希望召唤自己的伴侣。但是这些灯位于腹部，何况还是朝地面发光，那些粗心大意的雄虫，怎么会被这些亮光吸引呢？

每当夜幕降临后，雌萤们就降临在百里香丛中，异常显眼的细枝成为了它们的首选，接下来就是扭动那柔韧的屁股，表演它们独到的健美操了，左边来一下，右边来一下，那身材看上火辣得不行。同时，从它们身体里发出的绚丽亮光，更是如舞厅的射灯，照向了各个方向。那些寻偶的雄萤，但凡从附近路过，都能被雌萤召唤的光亮吸引。而雄萤正是用它的盾形护甲和眼睛，搜索关于雌萤的亮光信息的。

在交配的时候，雄萤和雌萤身上的亮光都会弱很多，甚至快熄灭了，仅仅余下尾部的小灯隐隐发光。交配完毕，雌萤随随便便找个地方就将卵产下，它们可是十分随意的，更别提什么母爱了。

让我震惊的是，这些在雌萤肚子里的卵，还没被诞下时就开始发光了，而在接近产卵的时候，卵巢里更是泛起一种柔和的乳白色萤光。

萤火虫的一生都在发光，从卵的阶段到幼虫阶段，再到成虫阶段，不管华丽与否，无论弱小与否，从生到死都没停止发出那美丽的光亮。

第九章

另类昆虫

第九章
另类昆虫

昆虫和植物中的非主流者

如果说一个群体显露出来的共性被称为规则；那么一部分不符合规则的个别，就是属于反常的状态。以昆虫为例，它们都有 6 只足，每只足上均有固定的一个跗节——这个不变的共性即规则。但是，违反规则的那些情形，到底是如何发生的呢？

众所周知，昆虫世界里反常的现象比比皆是。比如粪金龟幼虫，我就曾见到过一个后足严重变形的，是不是在成长的过程中扭伤过脚？可怜的家伙到底经历了什么样的苦难？有一次，我目睹了它的出壳过程，而且还在放大镜的帮助下，得以对幼虫进行细致的观察。它们的成虫后足如同压榨机，用以装压丰收的粮食，粮食可以被其挤压成粪香肠。而这只幼虫，因为后足还非常嫩小，就像是严重变形的跗节，完全没有用处。

这只幼虫的前足，虽然跟其他粪金龟一样短小，但不像后足那样成

粪金龟的一对前足很短小，而中足和后足修长且结实，支撑着它那鼓鼓的腹部。

了废物。小家伙把前足蜷缩在身体的前部，中足和其前、后足截然不同，修长且非常结实，宛如长柱子一样支撑着粪金龟鼓囊囊的腹部。因为肚子很胖，总是失去平衡，以至于我经常发现它翻倒在地。如果从背部看过去，会发现两根细长的柱子支起了它的整个大肚子，样子非常古怪！

怎么会有如此古怪的结构？那严重变形的后足是如何长出来的？我看见它背上背着个鼓囊囊的大兜，里面应该存储着建造蛹室的浆砂。那实在是太重了，以至于小幼虫走起路来一直左右摇摆，几乎快要摔倒了。要是那后足能变成爪钩，那它就不用这么费劲儿了。

圣甲虫幼虫总是舒舒服服待在洞内，安静地睡着，一旦饿了，动下臀部，美味的饭菜就可以到嘴边了。我还发现了一些反常的现象，比如身体残疾的圣甲虫幼虫，腿脚很不灵便，一旦饿了，只能一瘸一拐走到很远的地方，才能找到食物。在从幼虫成长为成虫的过程中，它们的后足严重退化萎缩了，足上的跗节也消失了，或许这便是这个家族特有的伤残标志吧。

滚粪球的金龟子身上同样很难找到跗节，大多数昆虫都有指形的爪尖，但金龟子却只有一双光秃秃的残肢。它们早已习惯了头朝下、尾朝上的倒立行走姿态。它们的前足底部长期跟坚实的地面摩擦，同时前足需要承载起几乎整个身子的重量。

金龟子还在蛹室里的时候就没有了跗节，这在昆虫界算是反常规的现象。

第九章
另类昆虫

试想一下，在如此繁重的体力劳动下，如果有个细长的跗节，那反而是会起反作用的。会不会是它们自己将没用的跗节给截掉了？如此残忍的截肢手术，真能进行吗？如果真存在，它们是如何进行的呢？事实上，根本就没有那些截肢手术出现，金龟子还在蛹壳里的时候，它们就没有了跗节。

圣甲虫跟金龟子一样，也有相似的习性，即头朝下倒着滚粪球，以后足担负重量，但为什么圣甲虫却保留着跗节？在别的昆虫都截掉跗节时，它们为何如此反常？

沼泽鸢尾象的跗节末端仅仅有一个爪钩，而其他昆虫往往是一对。这是为什么呢？为何沼泽鸢尾象的爪钩莫名其妙就少了一个？是被主动舍弃的吗？在长期的攀缘运动中，它有了残留下来的小爪钩，在鸢尾光滑的细枝上，象虫们玩耍得不亦乐乎，欣赏着美丽的花朵；它们在光滑的蒴果上倒挂，悠然前行。倘若再多一个爪钩，它还能轻松地保持平衡吗？按常规而言，其所属的长喙类，本该有两个爪钩。少了个爪钩，会不会影响到它们的行动？但事实证明，一个爪钩的缺失，对于它们是无伤大雅的。

有一种生活在阿尔卑斯草地上的红股秃蝗虫，已经没有了飞行的能力。即使在成虫阶段，以及交配期和产卵期，它们同样不能和其他蝗虫一样飞行，只能蹦蹦跳跳，而且跳跃速度非常慢。它们虽然有前后翅，却不能飞，为此，人们特别为它送上了"步行蝗"的称呼。

蓑蛾的雌虫在生长过程中不发生什么变化，蠕虫和成虫完全一样。本来，它们应该进化成蛾的，以一对长满鳞片的漂亮、高贵的翅膀示人。但它们偏偏没有翅膀。好在雄性有一身风流倜傥的黑丝绒服，为它们的族群勉强挽回了点儿颜面。

在杨树和柳树上度过了幼虫期的短翅天牛，长着非常迷人的长角和健硕的体态，这是鞘翅目的昆虫。不过，大多数鞘翅目的昆虫都可以长出鞘翅，以包裹自己的身体，进而让柔弱的后翅和腹部能够有一个安全的栖身之处。但是，短翅天牛却大胆地违背了这个常理，它仅仅长出了两片短小的小马甲似的鞘翅，完全一副"应付了事"的感觉。或者是它的后翅个头太大了，鞘翅根本没办法包裹住它，也因此让人们经常将它们误看成大胡蜂。

鞘翅目昆虫家族中还有一个没有鞘翅的家伙，它就是常常将幼虫的家选在斑纹隧蜂蜂窝里的真蜷。真蜷总是将隧蜂蛹室的蛹通通吃光。它们的幼虫每逢夏天就会羽化为成虫，然后将新家安在刺芹带刺的蓢果上。也因此让人们经常误以为那是苍蝇。它那两个硕大的后翅，也是缺乏鞘翅保护的，仅仅有两个小鳞片附在肩上，我估计那正是被舍弃的鞘翅的残骸。

同样属于鞘翅目昆虫的隐翅虫，生活在一个庞大的家族中。但是，这些隐翅虫几乎所有的家族成员，都在不停缩减它们的鞘翅，直到最终变成原来的三分之一或者四分之一。没有了鞘翅的保护，它们那胖乎乎的大肚子就袒露出来了，看上去有些衣冠不整，令人无法接受。

为什么昆虫们的畸形和反常态频频出现？我的脑子里突然想起了一个谜语——我有五兄弟，两个有胡子，两个没胡子，一个半蓄着胡子。这个五兄弟指代的是什么呢？大家一定猜到了，谜底是玫瑰的五个花萼片。玫瑰的花萼片有两片发育后有刺毛，但是另外两片上却没有任何刺毛，而另一片则是一半光秃秃的，一半有刺毛。

这是偶然吗？花的结构是有相似性的，都遵循花本身的结构规则。这些玫瑰花朵都有五个萼片，每个萼片必然以螺旋层叠的方式，依次转圈地呈现在我们看到的花朵中央，而五个花瓣组成的就是两个螺旋层。

由两片唇构成的面具花，上唇由两片花瓣组成，下唇则有三片花瓣，下唇的花瓣有些凸起。当我们用手轻轻地压住花瓣边缘时，那两片唇就会慢慢张开来，一旦我们将手松开，唇就会马上合拢。这种花有些像龙头，因此人们给它取了个十分贴切的名字："龙头花"。那么，"面具花"这个词是如何来的？原来那双唇形花的雄蕊，已经发生了违背常态的变化。它们为了更好地开展授粉，调整了雄蕊的位置，不再遵循那种均衡的排列方式，要么密集，要么松散。雄蕊本来是五根，最后仅仅剩下四根了，有一根早消失了。四根中，高的配成一对，矮的配成一对，矮的一对看上去

鼠尾草有木质茎，叶子呈灰绿色，花是蓝色至蓝紫色的，它的每根雄蕊丝的顶端都顶着半个花药。

就要被高的一对挤掉了，如此一来，那一根雄蕊莫名消亡的原因，自然就清楚了。

鼠尾草同样是非常懂得优胜劣汰规则的，它们那两根较高的雄蕊被保留了下来。每一根雄蕊丝的顶端，仅仅顶着半个花药，通常情况下，每个花药内都藏着两个药囊，这两个药囊中间以膜状的药隔分开。而鼠尾草的药隔却是那么霸道，宛如一杆天平梁一样，横插在了花丝上，天平梁的一端空空的，另一端则吊着半个花药。而天枰梁其实正是它们的花粉囊。可以肯定的是，因为雄蕊的环形结构，那些不重要的部分都被否掉了，最终成为了这个花冠追求个性和异样的模样！

如上所述的面具花、鼠尾草等植物的反常态，为什么就导致了花基本结构的变化？这非常态下的规则，其实也是一种突破。那些"敢于突破，打破常规"的人，往往会想到别人不敢想的，做到别人不敢做的，最终得到人们的普遍认同，成了成功的商人、建筑大师，或是闻名的音乐家、作家、画家。

敢于打破常规便是一种进步，在我们过去一致追求和谐美，可如今混搭也成了一种不一样的美；过去整齐是美，现在杂乱有时也是种荒诞的美。对于“美”的看法的这些进步，其实是顺应时代和环境发展变化的必然结果。

对于那些疑惑，我终于都得到了解答。本属鞘翅目的红股秃蝗为什么不会飞，而仅仅在高山上的虎耳草里蹦蹦跳跳；隐翅虫和短翅天牛为什么长着很短的鞘翅；真蝽又是怎么披上了双翅目昆虫家族的外衣的；还有粪金龟前足的跗节的消失；沼泽鸢尾象的跗节仅仅余一个爪钩；粪金龟生来就受到了损伤……出现这些看似不起眼的反常现象，其实都是它们厌倦过去生活的抗争，它们是在用这超出规则的方式寻求进步！即便怪异，即便反常，即便不符合常规，即使是非主流，这些敢于突破的精神，都值得我们钦佩！

不遗传的侏儒症

正所谓“青菜萝卜，各有所爱”，每个人都有不同的特点，诸如冷酷、个子矮、眼睛小、嘴大，这些甚至算缺点的特点，有时候在一些人眼里，却会成为吸引人的魅力。

不仅仅是人的范畴，昆虫亦然。以蒂菲粪金龟为例，我就曾在一个偶尔的机会，挖到了一对夫妻。当时，它们就在洞底忙碌家务，那可是一对非常奇怪的夫妻。主妇属于非常漂亮的类型，不仅上得了厅堂，还下得了厨房；但是那个丈夫啊，真是有点对不起观众了，最明显的就是那个子了，矮矮胖胖的，而且本该是彰显雄性威武的三叉戟，竟然小得可怜——正常情况下，位于旁边的两根戟是弯向头顶的，但这个丈夫的戟恰恰还遮住了眼睛。很明显，这是个侏儒症患者，毕竟正常状态下的普通雄性，一

蒂菲粪金龟夫妻在洞穴里忙碌着家务，雌虫的身
材要明显优于雄虫，雄虫看起来胖胖矮矮的。

般有 18 毫米的身高，而这个丈夫仅仅高 12 毫米。

如此矮个子的雄性，是怎么追到这个美丽的妻子的呢？我只能说，青菜萝卜各有所爱的哲学，在食粪虫和人类那里都是通用的。

那么，夫妻俩的基因，是否会遗传给后代呢？到底这样的家庭生出的子女，是该继承母亲的基因，长成高个子，还是和父亲一样成为矮子？在好奇心的驱使下，我特别做了一个实验，将它们移驾到了我的深实验管里。我在实验管底部装满了新鲜的沙土，还准备了一些必需的食物，然后静观它们的生活。

实验之初，两夫妻一直辛勤工作，妻子挖掘，丈夫清理，有条不紊，但突然有一天，它们竟然死掉了。这让我措手不及，后来才发现是因为我准备的沙土厚度不够所致，因为不能突破试管，它们最终郁郁而终了。但我心中的问题还没结束，这个侏儒是从什么地方来的？这个情况到底有没有遗传的可能？或者，它是不是就是从一个侏儒父辈那来的？而它的后代究竟会不会也这样？或者，与血缘没关系的话，那这个侏儒是在什么事故下，变成现在这个样子的？想来想去，我最终想到了食物的问题——食物的不充足，可能影响到了它们的外形长相。

当食物不够吃时，它就会成为矮子；如果食物比它们的正常食量少太多，它们甚至会被饿死；那么，如果食物过量，它们会不会被撑死？当它们还是幼虫时，所谓的正常食量是多少呢？

很明显，很多昆虫都是在不定量的食物下长大的，而大多数幼虫往往还是有取之不竭的食物，什么时候想吃就随便吃。以最富有育儿经验的食粪虫和膜翅目昆虫来说，它们在筹备之初，就在不铺张浪费的前提下为自己的每一个卵备了足够量的食物。再如蜜蜂，会备足以维持小康生活所需的蜂蜜，盛放在一个特制的容器中。它们知道将出壳的幼虫性别，一般会为那些个子大点的雌虫多备些食物，而为个子小些的雄虫少分点。鞘翅目昆虫也跟蜜蜂一样，能够为不同性别的幼虫，提前分配好食物。

我以胃口非常好且生命力顽强的圣甲虫来做实验对象。作为典型的大个子滚粪球工，圣甲虫为幼虫准确地分配了食物，每条幼虫都可以拥有一份软软的面包，而雌性的面包大一点，雄性的就稍微小一点。为了实验

圣甲虫生命力强，而且胃口很好，它们是典型的大个子滚粪球工。

效果，我甚至有意将母亲分配合理的面包，进行了胡乱地增减分量。

五月份，我找到了 4 个软粪面包，里面都有卵。接着，我从中间下手横剖开面包，将 4 个剖开有卵的软面包，分别放在了四个小广口瓶里。这些瓶子的内部湿度都是适中的。

在那些被我调整过的食物滋养下，幼虫们完成了自己的生长——除了两条幼虫因为里面卫生条件太差死掉了，估计是容器远远比不上它们温湿的洞穴的缘故；另外两条幼虫均保持了非常好的状态。为了利于我观察，我在它们小屋的墙上开了一个天窗，但它们一直想用粪便堵上这个天窗。到幼虫期结束时，这些家伙的身材比得到整只粪梨的兄弟姐妹，明显要小得多，这当然是幼虫时候食物不充足所致。我现在要继续观察，看它们长成成虫之后，又会有什么不同。

九月是成虫羽化出来的时候，我在野外从没有捉到过这样的圣甲虫，它们个头非常矮小，还没人的指甲盖大；而体形则和别的成虫没什么不同。

假设我要以数据来说明的话，从它们的头顶开始算，一直到腹部尾端，大概有 19 毫米长。不过那些生长在野外的圣甲虫，就是最小的个头也足足有 26 毫米长。它们的身高差距如此巨大，原因必然就是我所猜测的，食物缺乏导致的。它们唯一的口粮被我剖开了，我仅仅分给了它们一半。由此我发现，食物的量对昆虫的身高是有一定影响的。这也进一步证明了，昆虫的身材矮小并不是遗传造成的，而是食物的不足所导致的意外结果。之前那个身材矮小的蒂菲粪金龟，明显是个缺乏营养的可怜孩子。

当然，缺乏食物会长不高，但这并不意味着为它们增加食物，就会使它们长得很高。我后来又以圣甲虫为对象，做了这样一个实验。我为它们提供了多于母亲分配定量两倍的食物，却并没有发现它们的个头有什么太显著的变化。想想也是，胃这个容器毕竟是有极限的，达到了极限的时候，就是再美味的佳肴，也不会引起食客们更多的兴趣。

或者，我能不能通过某些食物来刺激这些家伙的胃口？毕竟，人类就能通过调制辛辣味道来刺激食欲。那昆虫们的调味品是什么？例如在非洲的圣甲虫，生长总是非常亢奋，大海和阳光就是它们的开胃调料。但在我生活的地方，这些开胃调料是没有的，我最终只好放弃了对圣甲虫的这个实验。

现在，我将花金龟幼虫作为了实验对象，要知道，它们的母亲从来不会为其分配食物。因为它们钟爱腐烂的树叶，所以我准备了非常充分的食物。这些幼虫常常缩在荒石园角落的一堆腐叶中，吃得饱饱的，喝得足足的，而后就再无其他什么欲求了，但是，我并没有发现它们中有身材特别高大的。

四月初，我特意挑选了三组花金龟幼虫，全是可以在这个夏天化蛹的幼虫。开始的时候，它们开始大量地进食，一个个都在为变成成虫而积蓄营养，体积也眼睁睁地看着增大了足足一倍。我将幼虫们放到了一个大白铁皮罐内，然后封闭得严严实实，以保持里面适当的湿度。

其中，第一组我安置了 12 只幼虫，给它们提供了非常丰富的食物，让它们过上了随时随地就能吃到美味的惬意生活。第二组也有 12 只幼虫，

花金龟幼虫在夏天化蛹，为了在蜕变前积蓄必
要的营养，它们必须大量地进食。

但我没有为它们提供任何食物，罐子内仅仅铺了层粪，幼虫饿了就可以吃。第三组同样是 12 只幼虫，我会每隔一段时间，给它们一小撮腐烂的树叶，当然间隔的时间非常长，仅仅是为它们有个磨磨牙的机会而已。

过了大概三四个月，当暑热的七月来临时，在第一个罐里的幼虫，一个个都发育得非常正常，12 只漂亮的花金龟，跟春天在蔷薇上吮吸着汁液、打着瞌睡的那些花金龟，完全没有什么差别。也就是说，这一组没有任何营养不良的问题出现。

我在第二个罐子内仅仅发现了两个蛹，而且尺寸是明显偏小的，快要羽化的幼虫毫无疑问是侏儒。直到九月中旬，它们才勉强打开了蛹壳。而那个时候，第一个罐子里的蛹壳早就裂开了。它们的蛹壳迟迟不打开，我发现里面的幼虫早已死了。而 12 只幼虫中有 10 只早就萎缩而死；仅仅两只可以把周围的粪黏合在一起，为自己裹上一层可怜的外壳。我敢肯定，它们还是做了最大的努力，但最终没有完成那场蜕变，而是走进了死亡的胡同。

第三个罐子中的 12 只幼虫，仅一只蜷缩在蛹壳里，其余 11 只都死掉了。从结构上看，它们基本正常，只是体积有一些小。我猜测，即便它们没有死，也一定是侏儒。九月中旬的时候，蛹根本没有一点自动开裂的意思，于是我准备主动帮它打开蛹壳。让我有些不敢相信的是，出现在我眼前的，竟然是一只非常漂亮的、活蹦乱跳的花金龟，身上泛着金属般的光泽，还镶有一些白色的条纹，跟那些自由生长于大片松软沃土里的花金龟完全一样，外形和衣饰没有什么改变，当然，它还是一个侏儒，我测量了下它从头顶到鞘翅末端的长度，仅仅 13 毫米，而食物充足情况下的成虫，一般有 20 毫米。与在正常条件下成长的花金龟相比，这个侏儒确实矮得可怜。

在这只可怜的小花金龟身上，再一次证明了我之前从圣甲虫那儿得到的结果——昆虫世界中，身材矮小与遗传一点儿关系都没有，全是食物的缺乏所致。

那些因为食物不足而长成侏儒的花金龟们，如果我们在很好的条件下饲养它们，是否可以繁衍出后代？如果有后代，它们的子孙将是什么情况？

草苈在湿润的土地上容易生长，但是在多石、坚硬的贫瘠土地上照样可以结出果实。

不管我如何研究，也没法从昆虫那儿得到完全解答，为此我想到了植物。

四月，在长期潮湿的土地上，都会长出一种叫春草苈的普通植物。贫瘠的土地被人们反复踩踏，变得非常坚硬，而且石子完全没什么养分。而这里生长的草苈，和那些挨饿的花金龟如出一辙，叶瓣非常瘦弱，我从叶瓣中抽出一根头发粗细的单茎，它还是可以结出果实的，而且果实一样可以成熟，当然常常是只结一个果实。而我特别收集了那些最弱小的种子，然后将它们安置在非常肥沃的土壤上。而第二年春天新长出的草苈，压根儿就没受到遗传影响，它的叶瓣非常大，茎有一米多高，果实非常正常饱满，还结得满满的。

由此我认为，即便是受意外影响的侏儒昆虫，只要有正常的生育能力，它们同样能够繁衍出正常而健康的后代。

第十章

昆虫和植物
的爱恋

大不一样的昆虫口味

在昆虫的世界中，有一种吃饭比人类还讲究的类别，它们对食物的烹制非常在行，可以说厨艺非常高超；它们在用餐场合上特别正式，动作更是优雅至极，极其讲究礼仪，关键是它们还不吃肉，而是给自己准备了精心调制的素食。

有很多昆虫都是以植物为食的，它们有的在烹饪方法和用餐习惯上是很讲究的。

进入深秋，我养了4只粪金龟，还为它们准备了最喜欢的食物骡粪。这之后的时间，我就没怎么管它们了，直到第二年春天来临。

那是一个下雨天，雨水从笼子的金属网纱渗入到了地面，环境非常差，但粪金龟的父母还是一如往常在准备粪香肠。不幸的是，那些美味的粪香肠都被雨水给泡坏了。本来，粪金龟在每根香肠下面都构建了一间陋屋，估计这时卵就要孵化了，但粪香肠被雨水泡坏了，它们的饮食该怎么办呢？

情急之下，我只好为它们加工了一些食物，我准备发明一道它们最喜欢吃的佳肴。我用榛子叶、榆树叶、樱桃叶、栗子叶和在一起放入泥土内沤湿。开始，我把树叶泡得软软的；然后，我以刀子将这些东西切得非常细碎；最后一道工序，就是用树叶研制成美味的香肠。我分别用了两个方式，在第一个试管底下放上卵，以一层树叶香肠盖于卵上；而第二个试管底部放了卵后，却以雨水浸泡的浓浓粪香肠为覆盖。

粪金龟在制作自己的粪香肠，香肠在滚动的过程中沾上了很多树叶。

第十章
昆虫和植物的爱恋

三月的第一个星期，有小幼虫出世了。它们有着大大的脑袋，圆弧形的大颚锋利得堪比剪刀。那大颚生有圆鼓鼓的肌肉，尖端有小圆齿形状的叶缘，而底部更有尖刺，让人摸着都感觉到它的尖利和坚硬。

这些家伙应该饿了，到处寻找吃的。我为它们精心加工的树叶香肠，到底合不合口味，我并不清楚；但从这些家伙没有排斥这个食物来看，应该也没差到哪里去。从某种程度上看，它们还算是狼吞虎咽的，吃得够香。有意思的是，它们没有管食物的大小，更没有东挑西捡，而是一根接一根地吃。我想，只要是类似粪香肠的棒形食物，它们都是乐于接受的吧。之后，它们健康地长大，背部渐渐变成乌黑色，肚皮变为了紫晶色，可以独立生活了，我便将它们放归自然了。

在粪金龟这里，我得到了重要的启示——以粪为食的昆虫可以吃树叶长大，那以树叶为食的昆虫，能否以粪为食呢？于是，我又做了一个实验。在一堆枯叶里，我发现了12只半成熟的花金龟幼虫，将它们请到了一个广口瓶中。之后，我在路上搜罗了一些风吹日晒变干的骡粪，也放了进去。我以为，这风吹日晒的骡粪干，香味不会比腐烂的树叶差。果不其然，实验室中的家伙们，对这些新式食物一点都不排斥，甚至可以说是非常喜欢这些新美味。在我另外准备的实验瓶中，我为新找的花金龟幼虫喂食它们常见的食物，没过多久，两个瓶子的花金龟幼虫，都不约而同变成了蛹，这让我非常惊叹。

花金龟其实算是精明的家伙，绝不会将满地可寻的腐烂叶子丢掉，而去辛苦搜罗什么骡粪。与之相对应的，粪金龟就有些愚蠢了，实验证明，它们并不反感那些腐烂的树叶食物，但是总是放着随地可见的腐烂树叶不吃，费劲千辛万苦跑到粪车上、骡子脚下，以骡粪为食。到底粪金龟们是否想过将能轻松获得的腐烂树叶作为主食，我不得而知，或许这就是它们的饮食习惯吧！

再举一个例子，有一种后背上有骷髅图案的蛾子，我们叫它鬼脸天蛾。鬼脸天蛾生来就喜欢马铃薯叶子，但当我为它们准备别的食物时，诸如天

鬼脸天蛾的后背上有一个骷髅的图案，它主要
以马铃薯的叶子为食。

仙子、曼陀罗和烟叶，这可都是与马铃薯同属于茄科属的植物的叶子，它们干脆拒绝了。我以为它们是讨厌那些富含刺激性的生物碱植物，所以我又换了番茄叶、茄子叶、黑茄叶和毛茄叶，但通通都被这些固执的家伙给拒绝了。有意思的是，在我送上新西兰的条裂茄和欧白英的时候，没想到它们又果断接受了。

这就让我困惑了，鬼脸天蛾的幼虫喜欢带茄味的食物，但是为何将有的植物吃得精光，而有的却被它拒绝了呢？是不是跟茄素的含量多少有关系？

在各种大戟上有种经常出没的大戟天蛾，它们对任何大戟食物都是非常喜爱的。而除此之外的别的植物，它们就非常讨厌，诸如我们常见的无味莴苣、有香气的薄荷，以及另外那些多少带点儿辣味的植物。但凡走到了这些植物跟前，它们就会极其厌恶地扭身离开。在它们的眼里，就只有大戟是可口的。大戟的乳液非常辛辣，倘若别的昆虫吞咽这种汁液，它们的喉咙必然会被腐蚀掉，但唯独这种蛾，认为大戟的乳液是那么香甜可口。这便是不同昆虫的不同饮食习惯吧。

个头不大的栎黑天牛，其幼虫一般在蔷薇科的树木和灌木上生活，诸如山楂树、黑刺李树、杏树、桂樱等。它们对能散发氢氰酸怪味的木质植物，总是情有独钟。

而穿着漂亮的白底蓝点衣服的豹蠹蛾，喜欢的食物种类就很多了，其幼虫最爱丁香树，而榆树、法国梧桐、绣球花、梨树和栗子树，它都不

栎黑天牛的幼虫生活在蔷薇科的树木和灌木上，比如山楂树、桂樱等。

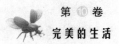

会排斥。

我准备开展一项有意义的实验，为此我精选了自认为最合适的对象——生活条件简单又容易被饲养的神天牛。

我是想弄明白，新孵化的神天牛幼虫，能否接受任何一种木头。首先，我必须在树皮凹缝中搜罗神天牛的卵，这可真不是件容易的事儿。在幼虫们孵化时，我特别为它们精心准备了各种树木木段，比如绿橡木、榆木、椴木、刺槐、樱桃木、柳木、接骨木、丁香木、无花果木、桂木、松木等，只要我能找到的，我都弄来。木段都是我新锯下的，每一段直径大约两三指宽。这些幼虫在木段旁徘徊，明显是在找寻适合挖洞的地方。

开始的时候，它们的活动都差不多，在木头上探测，啃咬具有不同味道和口感的木头，这让我们觉得，天牛幼虫的确是那种对食物兼容并包的类别。不管是具有苦涩乳液的无花果木，还是具有浓郁香气的桂木，或者满是树脂的松木和富含丹宁酸的橡木，上面都有它们的身影。但仔细观察之后，我突然发现我的想法错了。因为此时的小幼虫根本没开始进食，仅仅是忙于挖洞，它们是在为自己打造家屋，准备挖很深的洞，然后才打算好好享用美食。

一旦洞挖好了，又累又饿的幼虫才会进入吃东西的阶段。而这时，我发现仅仅橡木树段的碎屑在扩大，而其他树段的碎屑量并没有增加。我猜测，是不是其他树木上的神天牛们，都拒绝进食了？

如果这些小家伙们发现自己面前的食物是不喜欢的，就会拒绝进食，那么它们在洞穴内到底干什么呢？三月份，幼虫已经孵化半年了，我将原木段劈开，进入里面的幼虫，个头没有增大，当然状态还好，且非常活泼。微微碰碰它们，它们还会轻轻动来动去。如此柔弱的虫子竟然在没有食物的情况下，还能保持这样的活力，生命力真是太顽强了，让我叹服！假设我将这些 6 个月大的小幼虫搬个家，送上刚刚锯下的橡树段食物，它们一定会马上活跃起来的。

究竟神天牛的生命可以持续多久呢？在这些幼虫出壳一年后，我再去造访，发现别的树段上的幼虫都死掉了，全成了褐色的小颗粒。唯独橡木段上的幼虫依旧活着，且健康长大了。此次实验充分说明，神天牛仅仅钟情橡树，而如果是别的树木，它是会断然绝食的！

从上面的内容我们能看出，一些素食昆虫其实是杂食的，也就是说它们能接受不同种类的植物，当然并非说接受所有品种。而有的昆虫仅仅接受一种植物，只不过有的表现明显，有的则不太明显。倘若给所有昆虫来场盛大的进餐宴会，在这些座上宾客中，有的也许能接受一类植物，有的则只能接受一种植物，或没有气味，或能散发很强烈的气味；还有的仅仅接受种子，不能接受植物的其他任何部位；剩下的那些来宾呢，有的接受蒴果、花芽和花，有的以皮、根和细枝为食。换言之，你邀请来了多少宾客，就得为它们准备多少种食物。每一个来宾都有自己的进食习惯和偏好，它们的口味都是独特的。

作为动物的原始本能活动，吃东西其实只是代代相传的胃的能力。跟我们一眼就能看到的长触角、色彩以及别的次要细节的遗传特点对比起

昆虫都有自己独特的口味，即使是血缘关系很近的天牛，有的只能接受橡木，而有的却只能接受山楂树。

来，这种遗传其实才是最明显的。动物的祖先们，最初会遇到各种东西，或者都会多少吃点，但随着时间的推移，就会渐渐形成各种各样千差万别的饮食习惯。

任何一种昆虫的饮食范围都受到了严格的限制，即便是那些相邻种类的昆虫，往往也有着不同的口味。或者我们会不解，有很近血缘关系的天牛，一个只接受橡树，而另一个则只接受山楂树和桂樱。这也正是它们的胃具有独特性所造成的。

 ## 昆虫和蘑菇的情愫

大家都知道，各种菌类有的可吃，有的则是有毒的。只有深入研究，才能明白有毒和没毒的区别。不过，倘若某个昆虫幼虫和蠕虫能接受一种菌，那么我们就大可以放心食用它了；但如果是昆虫都不敢碰一下的蘑菇，那我们还是敬而远之的好。

因为昆虫的胃是不同的，因此它们消化不同食物的功能也不尽相同。在幼虫时期，它们尤其喜欢吃蘑菇。这个方面，昆虫可一分为二，一类以咀嚼法将蘑菇嚼烂吞下去；另一类则将蘑菇变成粥，以吸食的方法进食，也就是之前说过的蛆虫的办法。不过第一类食客较少，四种鞘翅目昆虫、衣蛾的幼虫以及软体动物鼻涕虫，它们三种均属于咀嚼类，且非常活跃，有着极强的侵蚀能力，尤以衣蛾幼虫最甚。

在喜欢吃蘑菇的鞘翅目昆虫中，巨须隐翅虫绝对是最佳美食家。它穿着一身红蓝黑搭配的美丽服装，行走时以后部的柱子为支撑。无论巨须隐翅虫的成虫还是幼虫，都喜欢杨树伞菌，不管春季秋季，我们都能在杨树伞下看见它们的身影。

作为菌类中最好的一种，杨树伞菌很白，外表常存在裂痕，且伞盖下的四周常附着红棕色的孢子，乍一看有些脏。当然我们可不能从外观来

巨须隐翅虫一般都穿着红蓝黑相间的漂亮衣服，
它们特别喜欢吃杨树伞菇。

进行好劣的划分。毕竟，有些蘑菇外表非常漂亮，但却是剧毒的；而杨树伞菌虽然看上去丑陋，但其实却是上等的蘑菇。

我曾观察过两种以蘑菇为生的弱小昆虫。第一个是闪光隐翅虫，这个头部和前胸呈棕色的家伙，鞘翅却是不一样的黑色，在幼虫阶段尤其喜欢以带刺多孔菌为食。带刺多孔菌多在老桑树树干、胡桃树和榆树上生长，体型肥大，表面多直毛。

第二个是大家熟悉的大蚕蛾，外表是桂皮色，幼虫时居住在块蔬中。而爱吃蘑菇的鞘翅目昆虫中，盔球角粪金龟也对块蔬钟爱有加，为了寻找喜欢的蘑菇，它们不惜从地下深入工作，挖出个洞穴来。我曾特意在地洞中找到几只盔球角粪金龟，以几块较硬的类似块蔬的蘑菇对其进行喂养，包括马鞍菌、珊瑚菌、鸡油菌和盘菌等菌类，但都被它断然拒绝了。

一番思考后，我又以茯苓这种植物来喂养它，结果它终于吃了。茯苓一般生长在松林的地表上，样子有点像小一些的马铃薯。我将这些东西撒在我的实验饲养笼里，仅仅撒了一把。到了夜晚，那些盔球角粪金龟刚刚从洞里爬出来，搜罗沙土周围有没有什么食物。它们通常是找那些不大不小，正好能让自己拖动的食物，而我准备的茯苓有些过大了，它们就仅仅将它放在了洞口。有意思的是，第二天我竟然发现，那没办法让其拖回家的大食物，朝下的那一半竟然也被它们给咬掉了。

作为用餐非常讲究的盔球角粪金龟，从来不会在露天的地方进食，而是钟情于单独地待在属于自己的单独餐厅内进食。倘若它们在地下找不到食物，就会来到地面上寻找。如果发现即合口味，又能轻松搬运的食物，它们就会开心地搬运回家，然后惬意地享用。倘若搬不进去，它们会先将食物弄到洞口，而后将底部可食用的部分啃掉。

实验证明，它们喜欢吃的食物包括地下菌、块蔬以及茯苓。由此可见，盔球角粪金龟跟巨须隐翅虫不一样，不会仅仅吃吃某种单一的食物，其食物选择面比较杂，除了之前的那些食物，所有的地下菌它们都会涉猎。

衣蛾幼虫属于取食范围更广的一类。这个身长接近 6 毫米的微白的家伙，头部却是黑亮的，面对许许多多的菌类，它们最爱的还是菌柄，毕竟菌柄吃起来特别香。每次进食，它们就从菌柄开始，一步步朝着菌盖进军。无论是牛肝菌、珊瑚菌、乳菇还是红菇，通通都是它们喜欢经常聚集进餐的地方。可以说，除了极特殊的个别菌种，它们几乎吃过所有菌类。如此弱小的幼虫，竟然是自然界菌类的最主要开采者，实在让人惊叹。如果你在一个被糟蹋的蘑菇下观察，往往会发现一个小小的白丝茧，那正是它们的劳动结果，将来就会变成一只不起眼的蛾。

除蛞蝓外，所有贪吃的软体动物个头都不算小，它们同样以各种蘑菇为食，更有甚者，还会在蘑菇内部建上一个宽敞的房子，然后食住并行，好不惬意！这些家伙的大颚非常锋利，宛如锋利的刨刀，能够在蘑菇任何部位掏出个大洞，其破坏性可想而知。

其实，只要细心观察，以蘑菇上留下的咬痕和蛀屑，我们能够轻松辨别出那是哪个食客的杰作。有的在蘑菇里凿出了一条洞壁清晰的通道；

衣蛾虫的幼虫喜欢吃菌类的菌柄，
牛肝菌、珊瑚菌和乳菇以及红菇是
它经常光顾的菌类。

有的则从内部开始腐蚀或者切割蘑菇，还有那些双翅目昆虫的蛆虫，喜欢用化学方式来溶解蘑菇，将蘑菇溶解成自己喜欢的蘑菇汤。

我选择了撒旦牛肝菌作为观察昆虫工作的对象。作为最大菌类的撒旦牛肝菌，其菌盖为白色，菌盖上面乍一看有些脏，但菌管口却是鲜艳的橘黄色，菌柄带有美丽的胭脂红脉络，像极了肿胀的鳞茎。我把一个长势很好的撒旦牛肝菌成分两份，将没有经过处理的那份牛肝菌放入一个盘子里，而将另一份带着菌管层的放在了另一个有着24条蛆虫的盘子里。

就在当天，这些蛆虫就溶解掉了食物。菌的表面先变成了鲜红色，接着，橘黄色的管状层变成了棕色，如同黑色钟乳石一般，斜面上还不断在流出液体。没过多久，菌肉就被蛆虫们吸食掉了，而几天之后，牛肝菌完全变成了类似沥青一样的奇怪东西，甚至比沥青还稀一点，都可以流动了。而蛆虫们就在这样的稀糊里活动，它们得意地撅着屁股，一摇一摇的，那尾部的呼吸孔更是不断露出液面，和灰蝇、反吐丽蝇蛆虫液化尸体的情

鹅膏菌是一种非常漂亮的菌类，它的菌盖边
缘有美丽的花纹。

形如出一辙。

最让衣蛾幼虫和蛆虫钟爱的，是那些长相丑陋的菌类；像红鹅膏菌这样有名的漂亮蘑菇，它们反而未必喜爱。

大家都看过红鹅膏菌吧？这是我们食用的各种菌中最最漂亮的。它刚刚破土而出时，仅仅是个漂亮的卵形小球，整个被菌托包裹着。一旦菌托一点点裂开，星形的洞口处就开始出现一部分小球了。而这个小球呈现出漂亮的橘黄色，宛如一颗煮熟的鸡蛋。再隔上一段时间，红鹅膏菌的菌盖就会完全张开了，一旦菌盖全部平展开，就会变得如同一张唱片那样宽大。用手抚摸它，会感觉它犹如绸缎般光滑软和，倘若将其放在玫瑰红色的欧石楠中，看上去又会格外漂亮。

虽然红鹅膏菌看上去十分漂亮，蛆虫却对它毫不感兴趣。我曾在野外反复观察过，从来没有看到过一个被虫子咬过的红鹅膏菌。我将蛆虫请到我的实验广口瓶内，每天只提供红鹅膏菌给它们，就是希望它们迫于无奈能就范。但是一番观察下来我发现，它们完全不会去吃哪怕一丁点。虽然它们也会以蛋白酶将菌类消化，但就是不会吃它。也不知道它们之间到底有什么"深仇大恨"。

虽然蛆虫不吃这些红鹅膏菌，但它们还是被破坏了。不过，它们可不是被蛆虫所破坏的，而是被某种红色的真菌破坏掉的。这种真菌能够让红鹅膏菌上出现色斑，如同中毒一样，最终使它腐烂变质。除了真菌这个破坏缘由，我暂时还没有发现对红鹅膏菌感兴趣的昆虫。

鹅膏菌和和红鹅膏菌非常类似，菌盖边缘都有非常美丽的花纹，当然也是种美丽的食物了。然而不管是蛆虫还是那些胆子更大的衣蛾幼虫，它们通通都不会去触碰它半下。此外，还有豹皮鹅膏菌、春鹅膏菌以及柠檬黄鹅膏菌等，这些菌类外表都十分美丽，却完全无法吸引昆虫，激起它们的食欲，不过，这三种菌类都是有剧毒的，昆虫对它不感兴趣倒是情有可原。

豹点鹅膏菌之类的剧毒蘑菇被拒绝，我们倒是能够理解。可是，究竟是什么原因，让蛆虫们将没有任何毒性还非常漂亮的红鹅膏菌拒之门外的呢？是不是吃起来口感不好？还是其中没有什么吸引它们的特别佐料？

那么，对那些有辛辣味的菌，蛆虫们将作何反应呢？生长在松林中的羊乳菌，其边缘卷成涡形，长着卷毛，味道可比胡椒辣还辣呢，甚至辣得让人腹痛。可以进食这种食物的昆虫，在我看来，那胃必然非常特殊。蠕虫就有着类似的胃，它们甚至能大口大口地吃羊乳菌，就如同蛆虫吃腐尸一样。究竟虫子们喜欢什么样的重口味香料呢？我肯定，它们其实并不需要什么调味品。

除羊乳菌外，还有一种生长在松林里的美味乳菌，它们有着橘红色的外表，形状如一个漏斗，边缘还镶着一圈圈的纹线，漂亮得不得了，如果揉搓一下它，颜色还会变成灰绿色呢。但不管怎么样，无论是味道温和的乳菌还是味道辛辣的乳菌，喜欢吃这种菌类的昆虫都能吃得津津有味。

读了上面的内容，小读者们是不是发现，其实，我们是不能根据昆虫是否吃某种菌类，来判断这种菌类是不是能食用的，昆虫无法告诉我们，哪些菌类是安全的，能够食用；哪些菌类是有毒的，不能食用。毕竟，人类跟昆虫的胃是不一样的，或许昆虫的胃认为十分美味的菌类，人类吃了就会中毒；而某些人类认为非常好吃的菌类，昆虫吃了反而会中毒。至于如何判断蘑菇是否有毒，我想，我们还是应该多了解一些植物学方面的知识。

第十一章

朝花夕拾

——我的成长故事

童年的印记

童年都是非常美好的！童年的记忆于我，同样是那么多姿多彩，那样快乐，毕竟那时的我能够跟昆虫们朝夕相处。我将山楂树当成床，然后找一个纸盒扎上孔作为透气眼，将鳃金龟和花金龟养在里面，然后将这个纸盒放在我的山楂床上，昆虫们就这样跟我天天待在了一起。而很早以前，我就已经被那些色彩绚丽的蘑菇所吸引。

此时我又被那悠远的回忆，勾起了过往童年的美好岁月。一窝正在熟睡的小鹌鹑，被一位经过的路人惊扰到，猛地散开飞走了。那些小绒球一般的漂亮小鸟，仅仅一会儿功夫就消失在荆棘丛中不见了；而一旦危险消除，一切又恢复到往日的平静，在妈妈的轻唤下，小鸟们都会飞快地飞回来，继续依偎在妈妈的怀抱里。

童年时代的那些记忆，每一件都令人那样难以忘怀。

曾几何时，我去到一座小山上，想到处看一看。那山坡上有一排顽强生长的树，它们似乎有意与狂风相对抗，特意背对着它们。这些树儿有着非常坚强的脊梁，没有风的时候，它们笔直地挺立着；一旦遭遇大风大雪的恶劣天气，它们也只是轻轻地摇晃一下，不为所动，那毅力让我非常敬佩。

我从山坡出发，开始了自己的旅程。脚下是稀稀拉拉的草地，没有一簇荆棘，我心中非常开心，虽然偶尔见到一些散落在草地上的扁平的大石头，但的确没有什么别的障碍。想到能够一路走在这样平坦的道路上，我开心极了，一边走，一边欣赏着路旁的风景。

突然，伴随着一阵"倏"的声响，一只美丽的鸟儿从一块大石板下窜了出来，从我的脚边迅速飞过了。我居然发现了一个用鬃毛和细软的草建造的美丽鸟巢，真是太幸运了。那可是我第一次看到一个鸟窝，它令我

在童年的记忆中，一个美丽的鸟窝给法布尔带来了很多的快乐，里面有6个鸟蛋，一个挨一个地放着。

如此快乐。我细数了下，鸟窝中紧挨着躺着6枚蓝色的蛋，看起来漂亮极了。我干脆将身子俯下去，趴在了草地上，开始细细地观察起这个漂亮的巢穴——这个鸟窝完全吸引住了我。

就在此时，我听见一只雌鸟发出了一阵叽叽的急促叫声，抬头一看，它神情慌张，它在几块石头之间来回飞着。那个时候的我，根本没有爱护小动物的心思，就想着如何才能抓住它。为此，我制定了个计划，准备在两天后再过来，将那鸟窝给掏掉。在做出这个计划之前，我先是拿了一个鸟蛋，将其放在了手心中，中间则垫了一些绿苔藓，毕竟那些鸟蛋还是很容易被打碎的。当时，我认为自己的这个行为简直太伟大了！

当我非常小心地捧着这个宝贝，正走在路上时，恰好碰到了一名牧师，他看着我手里的东西，不解地问：

"亲爱的孩子，你手里捧着什么东西？"

我有些紧张，但还是得意地张开了手，露出了手心里那颗蓝色的鸟蛋。

"'岩生'，天哪，你这是从哪儿找到的？"牧师惊呼着。

我嘀咕道："山里头一处石头下面。"

在牧师不停的追问下，我迫于压力只好违心地承认了错。我解释说，不是我故意掏的，而且一共有 6 个蛋，我仅仅拿了一个，我要亲自喂养它；而且一旦它孵化出来，我还要去掏鸟窝里的其他鸟。

听完我的话，牧师和蔼地告诉我："孩子，不能那么做！那是小鸟的孩子，你这是将一个孩子从它母亲身边抢走，多么残忍啊！作为上帝的孩子，小鸟也有自由成长的权利！何况它们还是庄稼的朋友，总是帮助农民伯伯消灭庄稼上的害虫。我相信你是个听话的好孩子，不会再去掏那鸟窝的……"

一直到我点头答应，他才勉强放心地离开了。接下来的时间，牧师的话一直萦绕在我的脑海，我开始明白，我捣腾鸟窝的行为是非常不好的；同时，这样的行为还会让小鸟的母亲非常伤心。当然，至于那些小鸟是如何帮助农民伯伯灭害虫的，我就根本不懂了。

我一直默默念着"岩生"这个名字，心里琢磨着究竟是什么含义？难道也像我们人类一样，那是它们的妈妈经过认真思考，给自己孩子取的名字？

很多年过去了，我总算明白了"岩生"的含义，即生活在岩石中，那鸟儿的房子上面，不就是偌大一个大石板盖吗？

小时候所在村庄的西面，有一大片位于山坡上的果园，每逢李子和苹果成熟的时节，从远处徐徐望去，整个山坡就好像水果瀑布一般异常漂亮。那围绕着梯田的矮墙上，满布着翠绿的地衣和苔藓。而斜坡上，还有条一步宽的窄窄小溪。

溪水清澈透明，干净明亮，让小小的我深深地爱上了它。在我的记忆中，无论是后来见到的滔滔河流还是浩瀚大海，都没有这条涓涓细流给我留下的印象来得神圣。

溪流欢快地流经磨坊主的牧场，那是磨坊主从半山坡上斜挖的一条沟

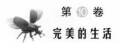

渠，将溪水引到了他家的蓄水池内，来推动磨盘转动。而那个蓄水池正好在行人来来往往的路边，为了安全起见，磨坊主用围墙将水池给围了起来。

因为想看到水池，我曾蹬在伙伴肩膀上，透过爬满苔藓的围墙，去看了那深不见底的水池。池子上漂浮着一层黏糊糊的绿色东西，如同湿润的绿毯。绿毯上的一些空隙间，有黑黄色的蜥蜴在上面缓慢爬动，看上去像是眼镜蛇的后代，我有些惧怕，不敢再多看一眼。

后来，我还发现了各种各样的蘑菇，它们的形状和颜色都各不相同，令我大开眼界。蘑菇有铃铛状的，有灯罩状的，有平底杯状的，有长长的纺锤状的，也有漏斗状和半球状的。更神奇的是，有的蘑菇还能不断变化颜色。

最让我觉得神奇的是一种长得像梨的蘑菇，它看起来干巴巴的，顶上开着个烟囱状的圆孔，但凡我们调皮地以手指去弹它，那烟囱就会冒出烟儿来。我特意采摘了一兜子，有空就拿出来玩，看它冒烟，觉得真是有

深不见底的水池上漂浮着很多绿色的东西，一只蜥蜴正趴在石头上一动不动地待着。

趣极了。

这片小树林满载着我童年时的快乐回忆。后来我还曾多次前去，就为了采蘑菇。也因此我知道了许多关于蘑菇的知识。当时，我采的许多蘑菇都被家里人无情地扔掉了，因为他们说这种那种蘑菇有毒。小小的我并不明白，如此可爱的蘑菇怎么会有毒？

即便如此，我还是会前去采摘蘑菇。我发现，蘑菇可以分成三类，一类是底部长有环状叶片的，这是数量最多的；第二类底面有一层厚垫衬，蘑菇朵上总有无数隐蔽的洞眼；而最后一类就是小尖头的蘑菇。当然，这样分类主要是为了方便记忆。

后来，我在书中知道，那种冒烟的蘑菇叫"狼屁"，这个名字可真是粗俗，着实让我不开心了好一阵。

岁月流逝如流水，童年时代已远去，而孩提时对蘑菇的钟爱，也开始淡去。但那些童年的记忆，却一点儿没有磨灭掉，我还是非常喜爱蘑菇。每逢秋天，我就会抽些晴朗日子的下午，去看望蘑菇们，它们总是百看不厌。我看见红色的欧石楠地毯上探出头来许多，原来是牛肝菌、柱形伞菌

塞里昂的蘑菇争奇斗艳，让人目不暇接，这些蘑菇有牛肝菌、柱形伞菌和红色的珊瑚菌等。

和红色的珊瑚菌等菌类。

在长满茂盛圣栎、野草莓树、迷迭香的山上，在这些树的底下，也有许多蘑菇，它们争先恐后，竞相开放。因为太多，我无法用标本方式保存，就想把它们的样子画下来。于是，我开始描绘附近山坡上的各种蘑菇画，虽然起初画得很糟糕，但后来越来越好了。

终于，我的几百幅蘑菇图完成了，这些画中的蘑菇，无论大小、颜色，都跟真实的蘑菇一模一样。即使我画得不算好，可那些保存完好的蘑菇画，仍然成为了我最珍贵的童年记忆的一部分。

童年的记忆是那么美好，这些蘑菇画已经不仅仅是标本了，更是我美好童年的印记。

 ## 难忘的化学课

小时候，有一位非常有名的教授，经常来我们学校访问。他为什么来？难道是为了想法转变我们这些愚蠢的小脑瓜？本来，他是在高中教物理和化学的，每星期来我们学校两次，一般在晚上八点到九点，每次都会为我们上免费的公开课，上课的地方就在学校附近那个大大的圣马西亚教堂内。

教堂让人感觉有些神秘，楼顶生锈的风信旗，似乎总是在发出吱嘎吱嘎的哀怨声。而傍晚时，还有许多大蝙蝠在教堂外飞来飞去，有的甚至钻进排水的地方；到了晚上，平台顶上还有猫头鹰在呜呜地叫唤。在如此巨大的"魔窟"下，我不明白这个化学家到底要做什么实验？或者要研制什么要紧的溶液？

好在他来的时候，并没有我想象的那样，以尖帽黑衣的巫师打扮出场，相反，他打扮得非常平常，一点儿也不奇怪。他的脚步很轻，脸通红通红的，大立领齐耳高，几缕棕红色的头发垂在鬓角边，额头又高又亮。他有些生硬地以命令式提了两三个问题。然后有些粗鲁或者是生气，如同一阵

傍晚的时候，很多大蝙蝠会在圣马西亚教堂附近飞来飞去。

风似的走了。其实他是非常有才的，当然那绝不是我对他所教的学科产生兴趣的原因。

　　老师有一个配药房，房间里的窗户跟人的臂膀高度相似，且朝向学校的花园。出于好奇，我经常跑去窗户那偷窥，希望凭借自己简单的脑子，猜测出到底什么是化学。但每次我看到的，就仅仅是个简陋的教室，以及用来洗刷实验器具的办公室。这个陋室里紧挨着墙壁的地方，有些自来水管和水龙头，墙角还有些木槽。有时，蒸汽加热炉内会煮着某种红色的像砖末的粉末，一边沸腾，一边冒着蒸汽。我后来明白，那是煮来做染料的茜草根，他是想将它炼得更加纯，更加浓一些。

　　后来，我已经不能满足于站在窗口看了，我渴望进去，可以更近更清楚地观察。我总算是获得了这样的机会。在那个学期快结束时，我提前结束了规定学业，且取得了高中毕业证。18岁是个充满憧憬的年纪，可我却决定在学校度过余下时间，毕竟这里开饭十分有规律，是个不错的地儿——所以，我希望在这里获得一份工作，学到自己想了解的知识，只要能得到一份工作，不管做什么我都非常乐意。

值得幸运的是，校长是个热心肠的善良人，他知道我对知识的那份炙热渴求，更坚定了我学习的决心。他精通拉丁语，准备让我翻译几段拉丁文，以此来学习拉丁语。为此他给了我一本拉丁语和希腊语双语对照的参考版本。在翻译《伊索寓言》中，我掌握了许多词汇，这对我后来的研究帮助非常大。

我觉得我总是那么幸运。每周两次来给我们讲解比例法和三角定理的自然科学课老师，提议我们以学术节的方式庆祝学期结束。而且他许诺，让我们看氧气，要知道他可是那个化学家的同事，而化学家也欣然同意了。我终于可以名正言顺走进那间梦寐以求的实验室，还能现场观看他演示制作氧气。那天晚上我高兴得根本没睡着。

那是个星期四，我清楚地记得，上完化学课，大家纷纷穿上了只有节日才会穿的黑色礼服，戴上了大礼帽。我们一行 30 人，在班主任带领下，一起迈进了那神秘的实验室。

在步入的那一刹那，我感觉自己走入了一个神殿！它带有尖拱顶，有些像空荡荡的教堂，连说话都有回声，几点微弱的光线从树叶和圆花图案装饰的彩色玻璃透出来。一排排宽宽的座位被摆放在教室里，唱诗队站立的对面有个很宽的壁炉台，中间放着张大桌子，那桌子看上去年岁已久，已经被腐蚀掉了。另一边则放着个涂着柏油的箱子，箱子里面包着一层铅，里面装满了水。我马上明白，那个箱子其实就是个储气罐，里面装的是气体。

很快，老师拿起了个玻璃器皿，准备开始演示了。这个器皿又长又大，形状像个大大的无花果，有个鼓突的瓶肚，瓶肚还连着个垂直的弯管，他告诉我们，这叫"蒸馏瓶"。他做了个纸漏斗，把一些像碳粉似的黑色粉末倒入了蒸馏瓶，这些黑色粉末便是"二氧化锰"。他告诉我们，二氧化锰可以和油状硫酸液体发生剧烈反应，产生氧气并释放出来。他将装入药粉的蒸馏瓶放到了点燃的炉子上，用一根玻璃管将它和放在储气罐的

小金属板上装满水的罩子连接一起，准备工作都做好了，大家都等待着看接下来即将发生的事情。

有心急的同学，几乎凑到化学装置前，大家都怕错过了什么；有的同学还试着帮忙，他们觉得这非常荣幸。看着他们这样乱，我有些生气地躲到一边，看着他们一个个瞎帮忙。后来，在氧气还在形成的时候，我偷偷走到一旁，参观了化学家的实验器具。

就在这个时候，第一排的一个同学不断拨弄桌上的东西，不小心引发了炉子的爆炸，顿时，炸出来的东西溅到了他的脸上和眼睛里，他发出了异常痛苦的哀嚎声。我急忙和一个烧伤不太严重的同学将他带了出去，带到了水池边为他冲洗了一番，勉强减轻了些他的痛苦。后来，医生为他开了药，还叮嘱他要坚持滴一星期的眼药水。如今回想起来，我当时还真有预见性，竟然早早就离得远远的了。

我们返回时，大厅里的情况并不是特别好，因为老师离得最近，沸

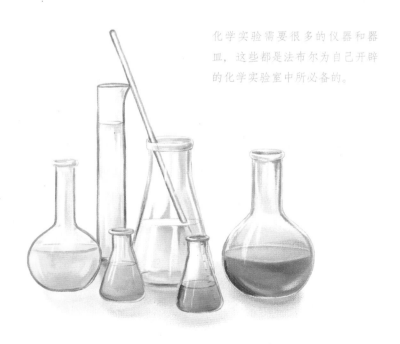

化学实验需要很多的仪器和器皿，这些都是法布尔为自己开辟的化学实验室中所必备的。

腾的药水溅到了他的衬衣前襟、背心以及裤子上。这些有着强烈腐蚀作用的溶液还在冒烟，老师急忙脱去了那还带着危险的衣服。好在有学生借了衣服给老师，他才暂时穿着回家去了。

我看见，有个圆锥形玻璃器皿放在桌子上，里面装满了氨水。大家被呛得咳嗽不停，眼泪直流，但依然还是坚持将氨水粘在湿手绢上，一遍一遍地擦拭帽子和礼服。原来，氨水可以擦掉刚才爆炸的溶液残留在衣物上的红色痕迹。擦完后，再加点儿墨水，衣服就又是原来的颜色了。

这堂学术课终于结束了，虽然说这节课上发生了不幸的事，但对于我来说，它却是那么重要。正是因为那堂课，我走进了化学药品室，看到了那么多奇奇怪怪的工具。一直以来，我都认为教学最重要的，并不是教会了学生多少知识，而是它究竟能激发出学生什么样的潜能！这种对潜能的激发，就如同用火药引爆安静的炸药一样，具有响当当的意义。因为总有一天，我自己就能制作出那次因为意外而最终没有制出的氧气；而且我能够学会化学。毫无疑问，这堂课令我终身难忘。

是的，我决定去学习化学，我还要一边学一边教！学习生活困难重重，我开始有些羡慕那些有老师指导的学生。但是无论如何，我一定会坚持学习下去的！

就在硫酸盐爆炸事件发生之后的几个月，我前往了一所中学担任初级教师。那儿的学生非常多，几乎有些让我忙不过来，关键是学生们的拉丁语都不好，所以在我从事教育的第一年里，非常非常辛苦。但是，进入到了第二年，我的学生们就开始分成了两半儿，而且我还得到了一名助手。我将一些年龄大的、最能干的学生留了下来，将剩下的学生分到了预备班进行学习。

我的教学进度明显加快了。那是一段非常幸福的美好时光，我不再受到学校校规的束缚，可以得心应手地做任何事情，我一直在想——究竟要如何才能做到不愧对高等老师的称号呢？

我阅读了非常多的书，让我的学生学习最贴近生活的化学，而且首先让他们学习的便是如何使农田变肥沃，毕竟我的学生绝大多数都来自农村，或许将来，他们还要回到农村去开垦土地。为此，我准备教给他们一些有关土壤构成的知识，告诉他们什么样的养料能够让庄稼充分吸收，这些都是化学中非常重要的课程。此外，我还讲了一些与工业相关的知识，如果将来他们要成为鞣革工、金属铸造工或者酿酒工人的话，能从我的课中学会一些有关制作、蒸馏相关的化学知识。总之，我希望我的知识能够帮助学生在今后的工作生活中学以致用。

我还在不断充实自己，不断学习新的知识，我的学生们都十分聪明，我可不想被他们嘲笑。我还特意为自己留出了一个简陋的化学实验室，方便随时进行各种实验工作。

经过不断努力，我的课也越上越成功，无论是壮美的磷、猛烈的氯气、恶臭的硫还是变化的碳，都以那样有趣的方式出现在了我的课堂上。我在课堂上还为学生们讲解并实验了几种主要的金属以及它们形成的化合物。

很快，我的课引起了学校所有新生的兴趣，他们纷纷要求前来听我的课。而校长还因为学校里的寄宿生数量增加了，特意夸奖了我。毫无疑问，我的课取得了成功！以后的日子里，我还要坚持不懈地学习和教学。

我不得不承认，我之所以能成为一名算得上成功的化学老师，与我曾经经历的那次难忘的化学课有着非常大的关系。

转战工业化学的原因

在学校期间，我曾经透过荒石园低矮的窗子，看到过作坊里冒着热气的茜草罐。而就是在那个教堂里，我经历了生平第一堂，也是最难忘的一堂化学课。正是在那堂课上，我近距离目睹了硫酸盐如何爆炸，第一次领悟了化学的威力。但我的确没有想到，而后我也会成为一名化学老师，研究各种各样的化学问题。

一次，我也有幸到那个大教堂上了一堂课。那次的课其实很短，我在大殿的右墙上发现了很多黑色的斑点，它们看上去是那么刺眼。我突然意识到，这些黑色的斑点，不就是当年上化学课时，从蒸馏瓶里飞溅出来的腐蚀性溶液所致？时隔这么久，它居然还如此清晰地保留着，竟然就没有人在上面刷一层石灰粉掩盖一下。其实也好，它就像一个警示灯，时刻提醒着我，让我在上化学课，做化学实验时，一定要非常谨慎小心。

虽然化学那样吸引我，但我仍没有为此放弃自己一直以来的计划。要知道，它才是更符合我的志趣的。我想到一所大学里教授博物学课程。终于有一天，一名督学前来学校听我的课，同事们私底下给他取了个外号，叫"鳄鱼"，我猜测他一定非常冷酷，或者是在过去巡视时曾训过他们。但是，我觉得他并没有什么特别了不起的地方，听完课他提了一条意见。然而正是这条意见，对我后来的化学研究工作，产生了非常深远的影响。

当时，我执教期间收入非常低，为了保障全家人一整年的生活费用，我还兼任了校内外的很多其他职务。我在公立中学教授物理课、化学课、博物学课，一般上这些课需要用两个小时；之外，我还上了两节制图课。那是需要教学生怎样画几何图形的课程，还要教他们怎样画测量平面图，怎样依据弧线的一般定律画弧线。就在我正教导学生们画几何图形的时候，他单独走进来了。

虽然是突然来访，但并没有让我感到十分紧张。下课后，学生们纷纷离开了，我就和督学一起从教室走出来。他告诉我，他是几何学家，对几何非常热爱，甚至可以因为一条很完美的超越曲线而感到异常的兴奋。看了看学生们交上来的作业，他说，他对其中几张图画感到非常满意。我认为这是个不错的机会，我要向他请教些问题。我的学生中，有一个头脑并不怎么聪明，各科成绩也并不十分理想的孩子，但他有一双异常灵巧的手，尤其对圆规、尺子和直线的使用，掌握得超级好。这样说吧，他如同一个艺术家，先画出普通的旋轮线，然后又画上外摆线和内摆线，最后又延长和缩短了相同的弧线。是的，那作品非常精巧。

　　早就听说，督学对几何学的热爱超乎寻常。为此，在我将这些作品交给督学的时候，我的态度十分谦恭，也是希望这样能引起他的注意。当这些作品摆在他面前时，他只是匆匆看了一眼，就将它们统统扔回到了桌子上。不好！难道他要发脾气吗？看来我要有幸领教一番这个"鳄鱼"的厉害了。

　　事实上，我完全想错了，督学的态度非常温和。他转过身，坐到了一条长凳上，叉开两腿，同时示意我坐在旁边。我们就此开始谈起了制图课的话题。谈了一阵之后，他突然转变了话题，问我："您有自己的财产吗？"

　　如此奇怪的问题，让我顿时傻眼了，根本不知道该如何回答是好。所以我低头微微笑了下，就当做回应吧。

　　"不用有所顾虑，"他接着问，"一定请您实话实话，我只是出于关心才问的，并无他意，希望您能据实回答，您有自己的财产吗？"

　　我回答道："我确实很穷，但我认为这并不是件令人羞耻的事儿！督学先生。我可以非常坦率地跟您说，我的钱不多，固定资产更是少之又少，我的那点微薄的工资就是我的全部收入。"接着，他皱了下眉头，然

后低声说："真是太遗憾了！"看起来有些像在懊悔一般自言自语。

我是没钱，可这有什么可遗憾的呢？我非常惊奇，同时也非常不解，于是便问他，为什么要感到遗憾。

这个大家眼中令人惧怕的"鳄鱼"先生，继续跟我说道："我拜读了您那篇发表在《自然科学年鉴》上的论文，我认为您的洞察力非常敏锐，而且从您的论文中能够看出，您对研究的兴趣也十分浓厚。您的论文不仅内容丰富，语言生动，文字表达也非常流畅，您应该是一位杰出的大学教授啊！"

"是啊！那正是我为之奋斗的目标。"

"我劝您放弃这个目标吧！"

"为什么？难道是我的学识还不够吗？"

"不是的，其实您早已经达到要求了，可惜您并不富裕。"

听到这里，我感到非常难过，而且非常不解——为什么穷人总会遭遇这些不幸的事情？我想全力投身教育事业，却因为经济条件的限制不得不停止这个想法。督学又告诉我："不管你资质多么平庸，如果你有钱，你就可以，因为金钱可以彰显一个人显赫的地位！"

接下来，他向我细细讲述了自己那段贫困的生活。虽然他当时并没有我这般贫穷，却同样因为贫穷而屡屡遭受挫折。他的故事让我有些难过，有些心痛，仿佛心中那个美好的梦想在这一瞬间坍塌了一般，我第一次感受到自己离梦想是多么遥远。无论如何，他的话还是给我了很大的启发，我依然十分感激他。

我心中的那个计划，的确要暂时搁浅了，但我并没有放弃，至少我不再彷徨无助，知道该如何做了——我现在首先要做的，就是想办法多积累一些财产，这样我才能离当大学教授更近一步。

与那个督学友好道别之后，我就再也没有见到过他。在我的心里，他就是一位慈父，循循善诱地教导我，让我慢慢变得成熟起来。从那以后，我开始坦然接受生活中的磨难和挫折。数月前，一所学校想让我去教授动物学，但他们给的薪水太少了，我只好婉言拒绝。为了积累更多财富，为了更快实现理想，我开始转行做工业化学的工作。因为从工业化学中，我可以获得更多的收益。上公开课的圣马西亚教堂，内部的仪器比较齐全，实验室也十分宽敞，我充分地利用了它。

阿维尼瓮最重要的工业是茜草工业，那些农田里司空见惯的茜草，在经过工厂的加工后，就变成了纯而浓的茜草染料。是的，我还是踏上了那个老师的老路，在其留下来的罐子和炉子等十分昂贵的工具的帮助下，我也开始了我的工业化学研究工作。

我到底该研制什么产品呢？我决定将茜草的主要成分——茜素，从染料中提取出来。茜素蕴涵在茜草根部庞杂的物质中，我需要做的就是将其分离，得到一种非常纯净的染料。

比以往的印染方法更加方便的是，这种染料是可以直接用来染布的。

过去的事想想的确不易，当时为了研究茜素染料，我想尽了办法，耗费了大量人力物力，但实验还是全都失败了。不过因为心中有理想，我还

茜草生长在农田中，经过加工可以变成
纯而浓的茜草染料。

是不断地重新站了起来。我继续自己的实验，默默承受着每一次失败的感伤，不断为自己加油鼓劲。我告诉自己：在科学研究中，只有不怕失败才能战胜自己，获得成功。倘若第一天失败了，第二天、第三天我还要继续！

经过坚持不懈的实验与研究，我终于取得了成功。借助一种既实用又便宜的方法，我终于研制出了既纯净，体积又小的浓缩染料。该染料无论印还是染，效果都非常好。而且我研制出的这种染料的印染方法，最终在我一个朋友的工厂里得到了大规模的应用。同时，几家印布作坊使用了我的研制染料后，也表示非常满意。有了此次小小的成功，我对实现自己的理想更加有信心了。我甚至以为，我就要从中获得财富了，到时候我就可以顺顺利利地进入高等教育殿堂，成为一名大学教授了。

那座工业化学研究工厂没多久就建立起来了，我对它抱有巨大的希望，将它看成了我的救星。我想，或许不久后，我就能获得非常丰厚的收入了。有了这些收入，我就能实现自己的理想，去大学里做一名教授了，这可真是一件令人幸福的事。

不幸的是，这座化学研究工厂还没有正式运营的时候，一个不好的消息传了过来。别的化学家已经找到了人造的茜草染素，他们在试验室里配置出的染剂，给我们这里的农业带来了巨大的冲击。毫无疑问，这个别人的"成果"，让我的成果和赚钱的希望，瞬间化为了乌有。好在我已经不是第一次遭遇失败，没有因此感到过分失落。

我问自己：希望破灭了，我能做什么呢？是的，我应该换一根全新的杠杆，重新去推西绪福斯的那块巨石。我想看看，能不能从墨水瓶里发现一些有用的东西，要知道这些东西可是在茜草罐中找不到的！是的，我还是继续努力地研究吧！工业化学是能帮助我积累财富的希望，它一定能帮我实现做大学教授的理想。因此，我依然要继续进行化学研究工作，好让我的工业化学研究厂能够早日走上正轨，当前，这是我最重要的任务！

《昆虫记》全十卷介绍

① 第一卷　超凡的工作者

　　本卷法布尔用轻松幽默的语调，向我们介绍了勤劳垒粪的圣甲虫，拥有高超捕捉技术的黄翅飞蝗泥蜂等各种鞘翅目和膜翅目昆虫。法布尔通过自己的认真观察和实验，以故事的方式，向我们娓娓道来了一个精彩的昆虫世界。

② 第二卷　神秘的超能力

　　本卷法布尔记录了手术师毛刺砂泥蜂、建筑师黑胡蜂以及麻醉师蛛蜂等一系列膜翅目昆虫在荒石园中的生活状态。他通过自己的观察和实验，为我们讲述了这些可爱的小昆虫鲜为人知的本领、生活习性、特殊的本能等。

❸

第三卷　危险的进食

　　本卷法布尔向我们介绍了石蜂、卵蜂虻、褶翅小蜂等各种寄生蜂虫的生活习性、寄生方式。他通过自己的实地观察与实验，向我们展示了这类型昆虫的筑巢、产卵、进食等行为，让我们得以近距离地了解这些可爱的寄生昆虫。

❹

第四卷　以弱胜强的斗士

　　本卷法布尔向我们介绍了昆虫里的一些战斗士：长腹蜂、切叶蜂、采脂蜂等，介绍了它们用各自的方法生存的方式，在细心的观察和反复实验后，他向我们展示出了这些昆虫本能的秘密。

5

第五卷　恋爱中的螳螂

　　本卷法布尔将关注的焦点放到了昆虫们的家庭生活上，讲述了甲虫、金龟子、螳螂等昆虫从求偶到生子的故事，用生动而幽默的语言，描绘出了一副平凡但又动人的昆虫爱情。

6

第六卷　绝妙的歌者

　　本卷法布尔悉心地研究了松毛虫、埋葬虫、白面螽斯、蝗虫等昆虫的生活习性，以及潘帕斯草原的食粪虫的美貌，并针对这些昆虫的特色重点进行了描述和研究。无论是唱歌能手还是捕食专家，不管是陷入爱情的螳螂，还是植物的杀手蝗虫，它们都用各自的生活状态，向我们展示着自己的神奇世界。

7

第七卷　夜间的不速之客

本卷法布尔为我们介绍了象虫、叶甲、步甲、石蛾等昆虫们卓越的自我保护技巧，如催眠、装死、自杀等，向我们展示出了昆虫们别具一格的另一面，令我们对神奇的昆虫世界有了不一样的认识。

8

第八卷　意料之外的罗网

本卷法布尔对于昆虫的筑巢习性进行了详细的观察和研究。胡蜂所搭建的六角形蜂房几乎达到了符合人类几何学的精确度，让人不由惊叹昆虫的本领。另外，在这一卷里，法布尔还介绍了圆网蛛、蚜虫、豆象、绿蝇、麻蝇等昆虫，它们中很多本来就是天生的几何大师，有着自己独特的习性，向人们展示着自己非凡的本领。

9

第九卷　黑盒子里的生命

本卷法布尔向我们展示了狼蛛、圆网蛛、蝎子等昆虫为了生存，靠着自己的本领，不懈努力的画面。虽然这些小家伙都生活在黑暗的角落里，但它们仍然不断地搭建自己的小天地，不懈地寻找自己的猎物。在它们的小天地里，有很多我们不了解的小秘密，法布尔用第一手的资料向我们进行了最真切的展示。

10

第十卷　完美的生活

本卷是昆虫记的最后一卷，在这一卷里，法布尔先是针对素食昆虫的进食习性做了详细的观察和记录，并且还介绍了金步甲、松树鳃金龟、沼泽鸢尾象、萤火虫等昆虫的婚俗、产卵等方面的知识。最后，法布尔讲述了自己与昆虫如何结缘，从而有了后来对昆虫的观察和研究，书中，他谈到自己尽管要为了生活而选择谋生道路，但却从与昆虫的相处中收获了幸福与快乐，成就了自己的完美生活。